奶水足、不长胖的功效月子餐，
是我作为中医师，
送给每位产后女性的伴手礼。

通过有针对性地吃功效食材制作的食物，
女性不仅可以变得比孕前更美，
而且还可以预防和解决很多产后问题。

五味子

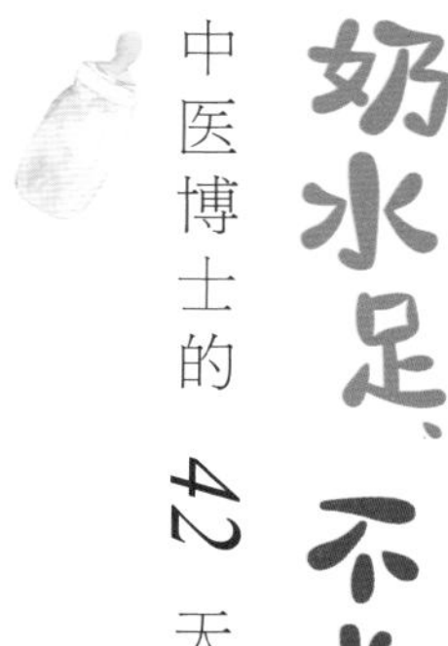

奶水足、不长胖

中医博士的42天月子餐

北京和睦家康复医院中医科主任 张慧敏……著

全国百佳图书出版单位
化学工业出版社
·北京·

图书在版编目（CIP）数据

奶水足、不长胖：中医博士的42天月子餐 / 张慧敏著. —北京：化学工业出版社，2023.4

ISBN 978-7-122-42897-4

Ⅰ.①奶… Ⅱ.①张… Ⅲ.①产妇-妇幼保健-食谱 Ⅳ.①TS972.164

中国国家版本馆CIP数据核字（2023）第022661号

责任编辑：杨晓璐　高　霞　杨骏翼　　装帧设计：逗号张文化

责任校对：杜杏然

出版发行：化学工业出版社（北京市东城区青年湖南街13号　邮政编码100011）

印　　装：天津图文方嘉印刷有限公司

710mm×1000mm　1/16　印张16　字数190千字　2023年5月北京第1版第1次印刷

购书咨询：010-64518888　　售后服务：010-64518899

网　　址：http://www.cip.com.cn

凡购买本书，如有缺损质量问题，本社销售中心负责调换。

定　　价：69.80元

自序

15年前，我怀了女儿，当时因为孕早期先兆流产被要求严格卧床，同时又使用了孕激素，这导致我孕期体重增长过快，在产后经过挣扎和努力，好不容易才减掉了孕期增加的25千克体重，这个经历让我迟迟不敢再计划生宝宝。

后来，因为工作关系，我开始专注于产后中医康复的临床实践，我所在的和睦家医疗是国内较早将产后康复纳入医疗范畴的具有国际化标准认证的医院，在我们开展产后康复的8年时间里，我发现更多的妈妈希望通过传统的中医来调理身体。

大部分新手妈妈对产后将要发生的一系列身体变化和需要应对的事情没有充分准备，太多的妈妈跟我说：

"不容易的十月怀胎终于熬过来了，宝宝出生后没日没夜地吃奶和各种不明缘由的哭闹，让我只想把他塞回肚子里。"

"还没涨奶，乳头已经被宝宝吸成'西蓝花'。"

"整个月子都靠服用乳果糖和使用开塞露排便。"

"宝宝一哭，全家人都看着我说：'没吃饱，母乳有没有？'"

"无数漫漫长夜，我一个人起来喂奶，心里都会怀疑，天还会亮吗？都感觉没盼头了。"

"一人吃了两人饭，宝宝强壮了，我也肥胖了。"

"家人老观念，让我一直喝红糖水，结果到了一百天恶露还没干净。"

"好不容易挨到百天，我也开始掉头发了。"

"孕期开始长的妊娠斑，真的就是'成为妈妈'的永久勋章吗？"

丁香

还有的女性，产后为了减肥，不吃主食，低碳（碳水化合物）甚至断碳，结果体重没有瘦下来，乳汁的质量也下降了，甚至乳汁分泌不足了。

产后月子期，乃至整个哺乳期，是女性一生中重要的时期，也是女性身体气血大调整的关键时期。孙思邈在《千金方》中说到“食能驱邪而安脏腑，悦神爽志以资气血”，所以吃什么，怎么吃，吃多少，这些问题就变得尤为重要。

通过有针对性地吃功效食材制作的食物，不仅可以帮助女性变得比孕前更美，而且可以预防和解决很多产后问题，比如产后恶露不绝、产后便秘、产后缺乳、产后漏乳、产后乳腺炎；甚至帮助产后回乳、离乳；还可以帮助改善产后贫血、产后失眠、产后汗多、产后抑郁、产后血糖问题、产后脱发和面部色斑痤疮等皮肤问题……而且通过定量餐，产褥期即可恢复苗条身材。

还好，感谢老天给了我一个再来一次的机会。7 年前，我生下儿子，刚过百天我就又回到我的临床工作中，很多人不知道我怀孕，问我为什么几个月没见到我，我说我生了二宝，大家更惊讶于我的状态好像什么都没发生过。有好的身材和气色，是女性对自我健康负责任的表现。所以，在这之后，我用了整整 5 年的时间，整理出了 294 道功效月子餐，并制定出 42 天搭配方案。在本书中，您不仅可以看到这 294 道功效月子餐的配料和制作方法，42 天的餐谱都配有食物的定量，保证妈妈营养不过量；您还可以看到针对新手妈妈哺乳的上手指导，更有针对产后常见问题的中医食疗方案。

奶水足、不长胖的功效月子餐，是我作为中医师送给每位产后女性的伴手礼。希望女性朋友经历生育哺育，可以变得更健康、更美！

張慧敏

八宝饭

冬瓜玉米骨头汤

目录

001 第一章 奶水足、不长胖的四个关键点

002 **关键一：关键42天，努力让奶水多起来**

002 母乳喂养为什么值得你付出最大努力

004 早吸吮、早开奶

004 储存母乳应对突发情况

005 **关键二：要想奶水足，这四点基础工作要做好**

005 营养——哺乳期女性的营养状况是泌乳的基础

006 情绪——保持良好的情绪可以促进乳汁分泌

006 睡眠——充足的睡眠是乳汁分泌的加油站

006 新爸爸的参与是让母乳充足的隐形推力

007 **关键三：月子里避开这些奶水“破坏王”**

007 忌寒凉的食物

007 忌辛燥之品

007 远离回奶食物

007 月子里需要忌盐吗

007 吃水果需要加热吗

008 忌烟、酒

008 关于醪糟

008 关于浓茶和咖啡

009 **关键四：饮食+母乳喂养助你轻松减重**

009 关注健康，合理饮食

009 选择母乳喂养

009 不要急于运动

011 第二章 产后42天月子餐逐日计划

012 **产后42天饮食安排总规划**
012 哺乳妈妈一天所需热量
013 功效月子餐的分阶段配餐原则

015 **第一周（第1~7天）排恶露，开胃健脾**
015 产后第1天 一日食谱计划
016 明星食材——红糖
020 产后第2天 一日食谱计划
021 明星食材——赤小豆
025 产后第3天 一日食谱计划
026 明星食材——山楂
030 产后第4天 一日食谱计划
031 明星食材——薏苡仁
035 产后第5天 一日食谱计划
036 明星食材——大枣
040 产后第6天 一日食谱计划
041 明星食材——龙眼肉
045 产后第7天 一日食谱计划
046 明星食材——益母草

050 **第二周（第8~14天）增乳汁，收缩内脏**
050 产后第8天 一日食谱计划
051 明星食材——生姜
055 产后第9天 一日食谱计划
056 明星食材——桔梗
060 产后第10天 一日食谱计划
061 明星食材——丝瓜
065 产后第11天 一日食谱计划
066 明星食材——醪糟
070 产后第12天 一日食谱计划
071 明星食材——木瓜
075 产后第13天 一日食谱计划
076 明星食材——蒲公英
080 产后第14天 一日食谱计划
081 明星食材——黑芝麻

085 **第三周（第15~21天）暖中焦，开胃健脾**
085 产后第15天 一日食谱计划
086 明星食材——当归
090 产后第16天 一日食谱计划
091 明星食材——紫苏叶
095 产后第17天 一日食谱计划
096 明星食材——芡实
100 产后第18天 一日食谱计划
101 明星食材——莲子
105 产后第19天 一日食谱计划
106 明星食材——丁香
110 产后第20天 一日食谱计划
111 明星食材——佛手
115 产后第21天 一日食谱计划
116 明星食材——百合

120 **第四周（第22~28天）固元气，恢复体力**
120 产后第22天 一日食谱计划
121 明星食材——杜仲

125 产后第23天　一日食谱计划
126 明星食材——山药
130 产后第24天　一日食谱计划
131 明星食材——黄芪
135 产后第25天　一日食谱计划
136 明星食材——牛蒡
140 产后第26天　一日食谱计划
141 明星食材——牡蛎肉
145 产后第27天　一日食谱计划
146 明星食材——阿胶
150 产后第28天　一日食谱计划
151 明星食材——蜂蜜

155 **第五周（第29~35天） 美容养颜**

155 产后第29天　一日食谱计划
156 明星食材——燕窝
160 产后第30天　一日食谱计划
161 明星食材——玫瑰花
165 产后第31天　一日食谱计划
166 明星食材——桑葚
170 产后第32天　一日食谱计划
171 明星食材——枸杞子
175 产后第33天　一日食谱计划
176 明星食材——黄精
180 产后第34天　一日食谱计划
181 明星食材——玉竹
185 产后第35天　一日食谱计划
186 明星食材——沙参、麦冬

190 **第六周（第36~42天） 修身减脂**

190 产后第36天　一日食谱计划
191 明星食材——陈皮
195 产后第37天　一日食谱计划
196 明星食材——荷叶
200 产后第38天　一日食谱计划
201 明星食材——茯苓
205 产后第39天　一日食谱计划
206 明星食材——桃仁
210 产后第40天　一日食谱计划
211 明星食材——杏仁
215 产后第41天　一日食谱计划
216 明星食材——白果
220 产后第42天　一日食谱计划
221 明星食材——五味子

227 第三章 月子里常见问题的饮食调理

228 **产后便秘**
230 **产后脱发**
232 **产后缺乳**
234 **回乳**
235 **产后贫血**
237 **产后血糖控制**
239 **产后恶露不绝**
241 **产后抑郁**
243 **产后失眠**
244 **产后汗多**

山楂

玫瑰阿胶膏

第一章

奶水足、不长胖的四个关键点

大家都知道，母乳喂养对促进婴儿健康发育有重大作用，但有些妈妈觉得需要为此付出太多精力，所以放弃这种喂养方式。在产褥期，你可能会有那种扔掉哺乳胸罩、改用奶瓶的冲动。如果你能了解到为什么母乳是最好的，你就会努力学习如何让奶水多起来。

母乳喂养为什么值得你付出最大努力

1. 母乳含有特殊的营养物质

母乳中的脂肪含量会随着宝宝成长的变化而变化，以满足宝宝的能量需求。宝宝刚开始吮吸时，吃到的是脂肪含量比较低的前乳，随着吮吸时间的延长，奶水会变成含有更多的脂肪的后乳。随着生长节奏的加快，长大一些的宝宝，身体单位体重需要的能量会逐渐减少。神奇的是，母乳中的脂肪含量也减少了，在哺乳半年之后，母乳自动从全脂转化为低脂。从母乳中的脂肪变化情况可以知道，在哺乳关系中，宝宝不只是被动的参与者，他们在满足自己的食物能量需求方面扮演了非常积极的角色。

特别值得妈妈们了解的是，母乳中含有促进宝宝大脑生长发育的脂肪，叫作DHA（二十二碳六烯酸）和ARA（二十碳四烯酸），都属于长链多不饱和脂肪酸，对于神经组织的生长发育至关重要。有研究表明，母乳喂养的宝宝的大脑中DHA浓度较高，而且喂的时间越长就越高。

母乳中的蛋白质更适合宝宝肠胃：母乳和牛乳中都含有两种主要的蛋白质——乳清蛋白和酪蛋白。乳清蛋白性质温和，容易消化，也容易被人类的肠胃吸收；酪蛋白就是奶中凝结成块的蛋白质，不容易被肠胃吸收。母乳中大部分是乳清蛋白，而牛奶和奶粉中更多的是酪蛋白。宝宝的肠胃喜欢母乳中的蛋白质，因为它们很容易消化，能快速吸收，不会产生抗拒；而对于牛奶和奶粉，消化系统必须付出更多努力，才能分解这些呈团状的凝结物。肠胃健康与宝宝健康密切相关，6个月内纯母乳喂养是让潜在的蛋白质过敏远离宝宝的最安全方式。

母乳中的营养物质之所以特殊，是因为它们具有很高的生物利用度，也就是说乳汁中的绝大多数营养物质都能被宝宝吸收利用。母乳中的铁50%~75%都能被宝宝吸收，而牛奶中的铁只有10%被吸收，配方奶粉则只有4%的吸收率。而且，母乳中的维生素和矿物质含量会随着宝宝的成长而改变，可以更好地适应宝宝快速发育的需要。

2. 母乳为宝宝增加免疫力

宝宝在出生的时候免疫系统最脆弱，而初乳中的白细胞和免疫球蛋白含量也相应地最高，妈妈的宝贵的初乳，是大自然给宝宝安排好的第一针天然预防针。

3. 母乳喂养的其他优点

母乳喂养方便又经济。母乳喂养不需要事先计划，也不需要收拾奶瓶、奶嘴、奶瓶刷等；随时随地都可以哺乳，温度永远合适；母乳是免费的，妈妈不用为此花费。

母乳喂养有助于妈妈身材恢复。母乳喂养每天可以多消耗大约500千卡热量，能帮助妈妈燃烧掉孕期积累的脂肪。饮食需注意只摄取保证母乳供应和自身需求的热量，并确定所有热量都来自高营养食品，这样就可以在满足宝宝营养需求的同时，迅速恢复原来的身材。

母乳喂养可以降低妈妈患病的风险。宝宝的吸吮可以促进缩宫素的产生，使子宫收缩，促进恶露排出，加速子宫的恢复，减少产后出血；母乳喂养还可以减少新妈妈患2型糖尿病和某些癌症的危险，哺乳的女性患子宫癌和乳腺癌的可能性也比较低。

母乳喂养可以建立良好的亲子关系。母乳喂养让妈妈和宝宝每天至少有6~8次的亲密接触，这样有利于建立良好的亲子关系。

早吸吮、早开奶

1. 奶什么时候会来

分娩后的最初两天，有的妈妈会发现一点奶都挤不出来，这是正常的。一般在产后3~4天就可以给宝宝提供母乳了。

到了第三天或第四天，乳房会开始膨胀，变得饱满，说明有乳汁了，这时你就能用手挤出奶水来。宝宝的小嘴能更有效地吸出初乳，比妈妈的手更有效。

2. 乳量如何变多

乳汁的生产量建立在供求关系上，宝宝以正确方式吮吸的次数越多，妈妈分泌的乳汁就越多，直到两者之间达到了一个理想的平衡。事实上，喂得勤比每次喂的时间长更有助于乳汁分泌，当宝宝逐渐长大，乳汁供应也随之增加时，它会在几天之内频繁地更新供需关系。总之，宝宝需要的多，吮吸的多，妈妈分泌的乳汁就多。

储存母乳应对突发情况

即使妈妈的奶水充足，能满足宝宝的需要，也有可能会面临突发情况，例如妈妈突然住院，或需要离开宝宝几天，这会使你暂时无法再进行母乳喂养。你应该未雨绸缪，在冰箱里存下至少几天量或者更多的母乳，这对宝宝的营养是极好的储备。一般来说，母乳冷藏最多可以保存48小时，0℃以下的冷冻可以存放3~6个月。冻奶解冻后，必须在24小时内喝完，否则需要丢弃。

母乳喂养是一种喂养方式，也是一种生活方式。所以，更多的进行母乳喂养的妈妈们发现，只要度过开始几周的困难期，宝宝学会了正确吮吸，双方形成了有规律的哺乳习惯之后，就能建立起舒适长久的哺乳关系，满足长久的供需关系。

优质蛋白质可增进乳汁的质与量

乳母膳食蛋白质的质和量对泌乳有明显影响，当蛋白质与能量摄入降低时，泌乳量可减少到正常的40%~50%，如果乳母的膳食蛋白质质量差，摄入量又不足，还会影响乳汁中蛋白质的含量和组成。哺乳期女性每天需要比孕前多摄入25克优质蛋白质，也就是约80~100克的鱼、禽、蛋、瘦肉。如果条件有限，可采用富含优质蛋白质的大豆及其制品替代。

多样化食物构成的平衡膳食可保证乳汁的质与量

妈妈的膳食营养状况是影响乳汁质量的重要因素。中医古籍《黄帝内经》中说："五谷为养，五果为助，五畜为益，五菜为充，气味合而服之，以补精益气。"这就是说人体的营养应来源于粮、肉、菜、果等各类食物。现代营养学也认识到，乳汁中的蛋白质、脂肪、碳水化合物等宏量营养素的含量相对稳定，而维生素和矿物质的浓度，比较容易受乳母膳食的影响。因此必须注重哺乳期的营养充足均衡，以保证乳汁的质和量。

科学饮汤可改善乳汁的质与量

乳母每天摄入的水量与乳汁分泌量密切相关，饮水量不足可使乳汁分泌量减少，乳母每日需水量应比一般人增加500~1000毫升；由于女性产褥期的基础代谢率较高，出汗多，再加上乳汁分泌，需水量高于一般人，因此，建议每餐应保证有带汤水的食物。鱼汤、鸡汤、肉汤的营养丰富，含有氨基酸、维生素和矿物质等营养成分，不仅味道鲜美，还能刺激消化液分泌、改善食欲、帮助消化、促进乳汁的分泌。但喝汤也应讲究科学：餐前不宜喝太多汤，以免影响其他主食和肉类的摄入；喝汤的同时也要吃肉，因为肉汤的营养成分大约只有肉的十分之一；不宜喝多油浓汤，太多脂肪会引起婴儿脂肪消化不良及腹泻；根据传统医学理论，煲汤时可加入有"补血""催乳"等功效的食材。

情绪——保持良好的情绪可以促进乳汁分泌

乳汁分泌包括泌乳和排乳两个环节，分别受到催乳素和催产素的调控，哺乳期妈妈的情绪、心理和精神状态可以兴奋或者抑制大脑皮质，从而刺激或抑制催乳素及催产素的释放，进而影响乳汁的分泌。哺乳期妈妈的心理状态良好、自信心强、积极乐观，可促使催乳素分泌增加，乳汁排出；相反，则会降低乳汁的合成量。目前我国不同地区报道的产后抑郁发生率为15.7%~27.3%，研究显示，产后抑郁及焦虑既可延长泌乳始动时间，又可降低泌乳量，因此，应重视产后乳母心理变化，及时消除不良情绪，帮助乳母树立信心。

睡眠——充足的睡眠是乳汁分泌的加油站

如果哺乳妈妈睡眠不足，不但不利于产后恢复，也会影响乳汁的分泌，因此应合理安排产妇作息时间，母婴同室。孩子与母亲同处一室，可以根据婴儿的需要随时哺乳，达到按需哺乳。按需哺乳不限次数，但新生儿睡眠超过3小时，最好叫醒喂哺。特别强调产妇应学会与婴儿同步休息，由于新生儿睡眠往往缺乏规律性，所以孩子睡眠时产妇抓紧时间休息，保证每天睡眠8~9小时，提高睡眠质量，以促进乳汁分泌及哺乳妈妈的健康。

新爸爸的参与是让母乳充足的隐形推力

我们都知道喂奶是妈妈的特权，爸爸虽然不能代替妈妈给宝宝母乳喂养，但是爸爸可以支持和鼓励妈妈，使母乳喂养更顺利。一位“超级妈妈”说：“如果没有老公的帮助，我根本做不到这么棒！”爸爸也这样炫耀：“虽然我没有奶，但我可以给妻子创造一个更好的哺乳环境。”的确，环境好了，妈妈快乐了，宝宝也够吃了。

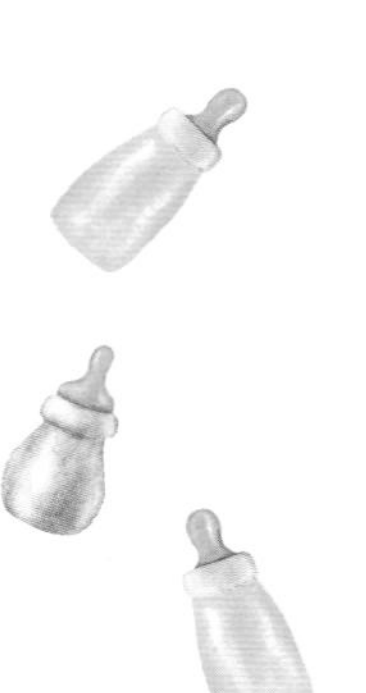

忌寒凉的食物

《中医食疗学》认为，产后随着胎儿的娩出，气血均受到不同程度的损伤，机体常呈虚寒状态，同时多兼瘀血内停，此时凡属寒凉、酸收、发散之品均应忌食，故有“产后宜温”之说。

《金匮要略》认为“梨不可多食，令人寒中”，还有荸荠、金银花、菊花等属于寒凉类药食。除此之外，刚生完宝宝，新妈妈的肠胃还比较薄弱，饮食方面应该注意避免生冷油腻的食物，尤其不要吃冷粥、冷饭、凉粉等，以保护新妈妈的肠胃。

忌辛燥之品

辛辣发散之物如葱、姜、蒜、辣椒、花椒、酒等，此类食品容易耗气伤血，加重产妇气血虚弱的病理本质，而且不利于脾胃的消化吸收。而且产后多汗，饮食过热、汗出过多导致津液丢失过多，可造成产后大便难。

远离回奶食物

哺乳妈妈应远离麦芽、乌梅等回乳食物。《滇南本草》认为“麦芽宽中、下气，并治妇人奶乳不收，乳汁不止”。乌梅等酸涩之物性主收敛，阻滞血行，不利于乳汁的排出。

月子里需要忌盐吗

《本草纲目》记载：“盐，甘、咸、寒……水生咸，此盐之根源也。”从中医传统角度讲，盐之味咸辛，食多伤肺，易患咳嗽。根据中国营养学会发布的指南建议，中国哺乳期女性的每日食盐摄入量不超过 5 克，整个月子期间也适用。所以建议产后 1 周内清淡饮食，7 日后可逐渐增加盐量，整个哺乳期每日食盐摄入量不超过 5 克。

吃水果需要加热吗

有些寒凉性质的水果可以加热后食用，如梨、西瓜、香瓜、火龙果等。水果加热之后，损失的营养其实并不多，而且通过加热可以减少或消除寒性水果的寒凉之性。比如说梨，加热后既去了寒凉之性，又加强了润肺的功效。如果妈妈觉得加热之后吃起来更舒服，那么就加热之后吃好了，用不着去纠结营养损失。

忌烟、酒

烟草中的尼古丁可进入乳汁，且吸烟抑制催产素和催乳素的分泌，进而减少乳汁的分泌，所以哺乳妈妈需忌烟，并防止母亲和婴儿吸入二手烟。饮酒后，少部分酒精会进入乳汁，哺乳期的“安全”饮酒量存在争议，国外有研究建议哺乳期女性饮用单份酒精，如12盎司（约等于355毫升）啤酒，或5盎司（约等于148毫升）葡萄酒，或1.5盎司（约等于44毫升）40度白酒后，间隔2小时再哺乳，以免婴儿暴露于酒精。无论喂养方式如何，大量饮酒都会降低人的判断力和照顾能力，故应避免。

关于醪糟

中国传统醪糟酒精含量极低，将醪糟与食物混合，持续煮沸15分钟，会有60%酒精挥发。哺乳妈妈如食用醪糟，建议食用2小时后哺乳。

关于浓茶和咖啡

浓茶和咖啡中含有咖啡因，哺乳妈妈摄入咖啡因后15分钟内就可以在母乳中检测到咖啡因，在约1小时后达到峰值。母体每日摄入咖啡因500毫克可使婴儿的每日咖啡因摄入水平达0.3~1.0毫克/千克，相当于母体水平的1%。美国儿科学会认为，大多数哺乳母亲可以饮用适量咖啡因饮料，而不会显著影响婴儿，适量摄入咖啡因定义为每日饮用2~3杯含咖啡因饮料。不过，一些小婴儿对咖啡因敏感，即使少量摄入也会出现易激惹或睡眠障碍，所以建议月子期哺乳妈妈避免饮用浓茶和咖啡。

关注健康，合理饮食

产后最初的6周，女性不应过多考虑身材和体重的问题，尤其是哺乳期的妈妈。这个时候是恢复期，妈妈要恢复身体，还要保证母乳，最重要的是摄入足够的营养，保持精力和体力并抵抗疾病。但这并不意味着不能变瘦！

在产褥期的合理饮食和照料下，扩充的血容量和体液的重量会通过排汗的形式逐渐消耗掉，剩下的就是妈妈储备的脂肪以供哺乳。从临床实践来看，通过正确指导产后妈妈合理饮食，可以帮助妈妈在保证母乳的前提下减掉2~5千克的体重，其中减掉的主要是脂肪。

选择母乳喂养

母体在孕期储备一定量的脂肪用于产后授乳。乳母泌乳每天所消耗的热量大约为500千卡，也就是说，每天宝宝吃奶可以帮妈妈吸走约500千卡热量，如果换算成运动，相当于慢跑1.5小时。所以，妈妈们每天哺乳，自然就会多消耗热量，哺乳又减肥，这是大自然回馈给哺乳妈妈的意外惊喜。

不要急于运动

在产褥期结束前，不要急于让你的身材回到孕前状态，也不建议做任何复原性锻炼。因为一般在产后6~8周，妊娠期的生理学改变才会恢复到妊娠前状态。真正的锻炼应该是在产后6周后，这时恶露已经彻底干净，产褥期结束，这时候可以开始运动。

而事实上，在月子里，即便是妈妈们没有运动，腹直肌也会在头两周开始自然收缩，很多肌肉恢复会在你认为什么都没做的情况下就自动完成了。每天的日常起居，足以满足最初的锻炼需要了。开始运动后，也要有一个循序渐进的过程，让你的运动量逐渐增加上去。

陈皮煎鸡蛋

第二章

产后42天月子餐逐日计划

产后42天饮食安排总规划

哺乳妈妈一天所需热量

我们可以通过计算不同身高体重的日能量消耗算得哺乳妈妈一天所需热量。

具体步骤如下：

1. 写出你（哺乳妈妈）的身高、体重。

2. 根据身高体重计算出BMI指数：BMI=体重（千克）÷身高（米）^{2}。

按照中国标准，BMI指数在18.5~23.9之间属于正常，BMI指数在24.0~27.9之间为超重，BMI≥28为肥胖，BMI＜18.5为低体重。

3. 计算理想体重：理想体重（千克）=身高（厘米）−105。

其中BMI指数正常者，热量供给量以30千卡/千克·天计算；肥胖者，以20~25千卡/千克·天计算；低体重者以35千卡/千克·天计算。

4. 计算一天所需总热量：总热量（千卡）=理想体重（千克）×热量供给量（千卡/千克）。

先通过计算BMI确定自己的BMI分型，通过计算就可以得出自己一天所需的总热量。

建议身高165厘米、体重指数正常的哺乳女性每日摄入热量为2000~2200千卡。如需2200~2600千卡热量的高热量组产妇，可在餐单的基础上增加高热量食物，一般建议增加一份粗杂粮主食，参见每日餐单中高热量组食物。

哺乳女性比非哺乳女性每天增加500千卡的热量，能够保障在满足哺乳的前提下，逐渐减掉孕期增加的体重。500千卡的热量大概就是三碗汤的热量，比如，早上一杯豆浆或一杯牛奶，中午一碗肉汤，晚上一碗素汤，这三碗汤加起来大概就是500千卡的热量了。非哺乳女性只要正常喝水即可，不需要这样额外饮汤。

指南对于食物量的建议只是大概范围，实际生活中，我们每天不可能每个品种吃的量都那么精确，前后一周内相对平衡即可。

《中国居民膳食指南（2022）》建议

《中国居民膳食指南（2022）》对乳母一天食物建议量如下：

- 谷类225~275克，其中，薯类75克；全谷物和杂豆不少于1/3；
- 蔬菜类400~500克，其中绿叶蔬菜和红黄色等有色蔬菜占2/3以上；
- 水果类200~350克；
- 鱼、禽、蛋、肉类（含动物肝脏）每天总量为175~225克，建议每周吃1~2次动物肝脏，总量达85克猪肝或40克鸡肝；
- 牛奶300~500毫升；
- 大豆类25克，坚果10克；
- 烹调油25克，食盐不超过5克；
- 饮水量为2100毫升。

功效月子餐的分阶段配餐原则

需要根据妈妈在产褥期的身体状况，搭配药食同源食材，进行分阶段配餐：

对于大多数顺产的妈妈，分娩后最初的1~2天会感到疲劳无力，或者肠胃功能较差，可以选择比较清淡、稀软、易消化的食物，比如面片、挂面、馄饨、粥、蒸或者煮的鸡蛋，以及煮烂的肉菜，之后就可以逐渐过渡到正常的膳食。对于剖宫产的妈妈，术后6小时可以少量喝水，一般来说，术后12~24小时会排气。排气后，可以进食流食1天，但要避免牛奶、豆浆、浓糖水等容易胀气的食物。之后给予半流食1~2天，再转为普通膳食。

根据产后不同阶段的生理特点大致可将产后分为6个阶段，每个阶段一周，饮食重点也会不同：

第一阶段

（产后第1周）

关键字“排”， 即活血化瘀，促排恶露，利水消肿。饮食重点要帮助气血恢复，呵护肠胃功能，促进恶露、毒素排出，帮助子宫和骨盆的恢复，可以多吃些促排血和易消化的食物，例如红糖、山楂、猪腰、瘦肉、蛋羹、红枣等。

第二阶段

（产后第2周）

关键字“增”，即增加乳汁，继续促进子宫收缩。饮食重点要根据宝宝的需求来调整，宝宝从刚出生时最初的每次20~30毫升的奶量，会在第二周逐渐增量到单次需要50~60毫升的奶量，有的胃口大的宝宝甚至增加到100毫升左右的奶量，所以妈妈要继续增加营养，同时需要搭配增加乳量的食材。可以多吃些催乳的食物，如猪蹄、鲫鱼、花生、黄豆、豆腐、丝瓜等。

第三阶段

（产后第3周）

关键字“健”，即暖中焦，开胃健脾。母乳品质开始稳定，饮食作用在于帮助产妇滋养进补，促进乳汁分泌，补充元气。因脾胃乃“后天之本”， 即气血生化之源，营养吸收和子宫收缩都与此密切相关。

第四阶段

（产后第4周）

关键字“固”，即固元气，恢复体力。促进体力恢复，调节产后体质。此阶段是产妇向正常生活过渡的阶段，应巩固坐月子期间的成果，帮助产妇恢复最佳体力及健康状态。

第五阶段

（产后第5周）

美容养颜。这时产妇身体各项机能逐步恢复至孕前状态，很多女性也从眼中只有宝宝变为开始关注到自己的容颜，同时要注意保证作息和足够的休息时间。

第六阶段

（产后第6周）

塑身减脂。这时候随着恶露的结束，产褥期真正结束，在产科复查没有问题后，你就拿到了可以开始运动的“通行证”。形体的重塑可以正式开始，但在此之前，相信你不仅没有长胖，还适时地让宝宝吸走了囤积的大部分脂肪。

第一周

（第1~7天）排恶露，开胃健脾

产后第1天 一日食谱计划

餐次	餐谱	材料
早餐	藜麦小米粥	小米50克，藜麦20克
	酸甜白菜	大白菜100克，鲜枸杞子15克（干品减半）
	龙眼鸽蛋	鸽蛋2个，桂圆6个，冰糖5克
	白菜肉包子	小麦粉30克，白菜50克，猪肉20克
早加餐	核桃	核桃仁10克
	番薯糖水	番薯50克，红糖20克，生姜3片
午餐	莲子猪肚汤	猪肚30克，莲子10克，红枣3个
	烧丝瓜尖虾滑	丝瓜尖80克，虾肉泥50克
	八宝素丁	草菇20克，竹笋20克，胡萝卜20克，毛豆20克，甜椒10克，豌豆10克，素鸡10克，香菇20克
	薏仁饭	薏苡仁30克，香米70克
高热量	南瓜发糕	南瓜50克，小麦粉25克
午加餐	苹果	苹果100克
晚餐	干贝海带汤	干贝30克，海带100克，冬瓜50克
	山药青笋炒鸡肝	山药100克，鸡肝20克，青笋40克
	菠菜炒干张	菠菜70克，干张30克
	发面饼	小麦粉40克
晚加餐	牛奶	牛奶300毫升

注：1.本书每日食谱计划中所列食材用量为正常体重、有哺乳需求的产妇一个人每顿饭的需求量。除高热量组食物外，热量标准为每天2000~2200千卡。

2.为避免某些食谱由于实材用量太少而不方便制作，因此在实际操作中，可根据食材用量进行同比例放大，产妇根据食谱计划表中推荐量食用即可。

明星食材——红糖

红糖性温，味甘，归肝、脾、胃经，具有益气补血、健脾暖胃、缓中止痛、活血化瘀的作用。

产后为什么要吃红糖

补铁补血： 红糖是含铁特别丰富的优质食材，每100克红糖含铁2.2毫克，且红糖中的铁元素很容易被人体吸收。

助恶露排出： 产后适量服用红糖，有助于恶露更顺利地排出。

怎么吃

顺产妈妈可以立刻喝一杯温热的红糖水，剖宫产妈妈术后通气后，也可以立刻进食红糖水。

建议每天摄入的红糖量不超过30克。一般来说，顺产妈妈产后喝7~10天红糖水就可以，最长不超过10天。剖宫产的妈妈在手术期间已排出部分恶露，喝红糖水的时间不要超过一周。吃太多、太久，恶露量会增加并且排出时间延长，增加失血量。

红糖的黄金搭档

姜糖水

红糖15克加3片生姜煮开即可，适合产后脾胃虚寒的妈妈。

糖枣水

红糖15克加红枣3枚炖煮30分钟，适合产后气血双亏的妈妈。

红糖红衣水

红糖15克加红皮花生30颗炖煮30分钟，适合产后乳少的妈妈。

红糖山楂水

红糖15克加山楂6克炖煮15分钟，适合产后宫缩乏力，恶露不下或者恶露少的妈妈。

红糖苹果水

红糖15克加苹果半个炖煮10分钟，适合产后便秘的妈妈。

红糖莲藕水

红糖15克加莲藕50克炖煮40分钟，适合产后脾虚、乳少的妈妈。

功效食谱做法

酸甜白菜

原料：大白菜100克，鲜枸杞子15克（干品减半）。

做法：白菜洗净、沥干后，切成条状，同枸杞子共同装入耐热袋中，加盐，搓揉塑料袋，腌10分钟后，剪去袋口一角，挤出盐水，将菜和枸杞装盘，加入糖、醋搅拌均匀即可。

功效：通利肠胃，养血助眠。

龙眼鸽蛋

原料：鸽蛋2个，桂圆6个，冰糖5克。

做法：将桂圆去皮、核，取肉洗净后放入锅内；加清水烧沸后煮10分钟下冰糖；再把鸽蛋逐个打破下锅，煮约5分钟起锅。

功效：补肾益气，养心安神。

番薯糖水

原料：番薯50克，红糖20克，生姜3片。

做法：将番薯洗净，去皮，切小块，放入砂锅，加适量清水，煮至番薯熟透；加入红糖和生姜，再煮片刻即可服食。

功效：宽肠通便，排恶露。

莲子猪肚汤

原料：猪肚30克，莲子10克，红枣3个。

做法：猪肚洗净后入沸水氽，捞出切成两指宽小段；将猪肚、莲子入锅，加入清水，汤沸后小火继续焖煮1小时，待猪肚焖熟煲烂，加盐、鸡精，撒上葱花就可出锅。

功效：健脾胃，益心肾，补虚损。

薏仁饭

原料：薏苡仁30克，香米70克。

做法：薏苡仁洗净后，加水浸泡10小时以上。和洗净的香米混合，加水按照煮饭程序蒸熟。

功效：美肌肤，泽容颜。

干贝海带汤

原料：干贝30克，海带100克，冬瓜50克。

做法：干贝洗净，温水浸泡4小时；海带、冬瓜洗净，分别切丝切条；锅内加水煮沸后，加入干贝、海带、冬瓜，再次煮沸后转小火煮10分钟，放盐调味即可。

功效：利水消肿，软坚散结。

山药青笋炒鸡肝

原料：山药100克，鸡肝20克，青笋40克。

做法：山药、青笋去皮，洗净，切成条；鸡肝用清水洗净，切成片；再将山药、青笋、鸡肝分别用沸水焯一下；在锅内放入油，加适量高汤，调味后下入全部原料，翻炒数下，勾芡后即可食用。

功效：健脾益肾，调养气血。

产后第2天 一日食谱计划

餐次	餐谱	材料
早餐	赤豆莲子粥	赤小豆15克，莲子5克，香米30克
	凉拌虾皮	小葱5克，香菜5克，无盐虾皮30克
	黄瓜拌豆腐干	黄瓜80克，豆腐干30克
	芝麻糖卷	小麦粉30克，红糖10克，黑芝麻5克
早加餐	美国大杏仁	扁桃仁10克
	补血赤豆浆	赤小豆20克，黄豆30克
午餐	四神猪肝汤	猪肝30克，莲子10克，薏苡仁10克，芡实10克，山药20克
	熘鱼片	草鱼50克，冬笋30克
	田园小炒	荷兰豆20克，彩椒10克，胡萝卜5克，白果5克
	赤豆蒸饭	赤小豆20克，大米50克
高热量	蒸番薯	番薯50克
午加餐	香蕉	香蕉1个（约90克）
晚餐	丝瓜蛋汤	鸡蛋1个，丝瓜80克
	多彩鸡丁	玉米10克，胡萝卜10克，马铃薯20克，豌豆5克，黄瓜20克，鸡胸肉30克
	糖醋藕丁	藕100克
	炸酱面	猪瘦肉20克，面条40克
晚加餐	牛奶	牛奶300毫升

明星食材——赤小豆

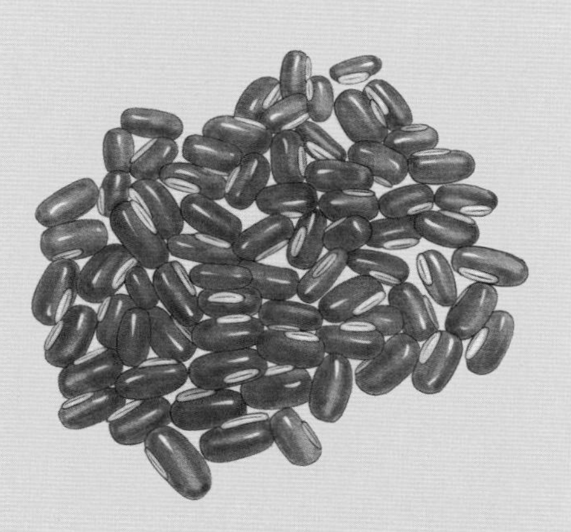

赤小豆味甘、酸，性平，归心、小肠经，具有利水消肿、解毒排脓的功效。

产后为什么要吃赤小豆

消除产后水肿：赤小豆可以帮助产妇排出怀孕过程中产生的多余水分，快速恢复身材。

帮助消痈肿，解疮毒：《黄帝内经》言："诸痛痒疮，皆属于心。"赤小豆色赤而入心经，能清火热而疗疮毒，可以帮助伤口顺利愈合及预防乳腺炎。

帮助催乳：赤小豆作为一种豆类食品，本身就有养胃气的作用，乳房的位置在胃经所过之处，所以产后煮赤小豆，取汁饮，可以帮助催乳和改善乳汁不足的情况。

怎么吃

赤小豆煮成粥、汤食用均十分美味，营养也丰富；还可将赤小豆与其他谷类食品搭配混煮成豆饭或豆粥；做成豆沙或糕点也别有一番风味。

产妇吃赤小豆时要注意控制量，不要吃得过多，早晚各一碗即可，另外赤小豆一定要煮熟，生吃赤小豆很容易消化不良以及腹泻。对于乳房胀痛、乳汁不下的新妈妈，可每天早晚各用赤小豆120克煮粥，连吃3~5天，即可见到通乳效果。

功效食谱做法

芝麻糖卷

原料：小麦粉300克，红糖100克，黑芝麻50克。

做法：将面粉、酵母、糖、水和成光滑的面团，发酵至两倍大，擀成薄方形片，将黑芝麻打成的粉、糖、油调成糊状，刷在面片上，制作成10个糖卷，二次发酵15分钟，大火蒸8分钟，熄火后再闷几分钟即可。产妇可取1个糖卷早餐食用。

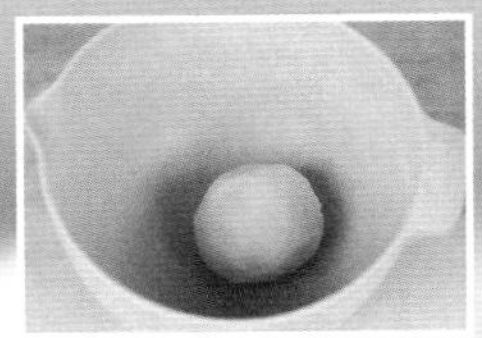

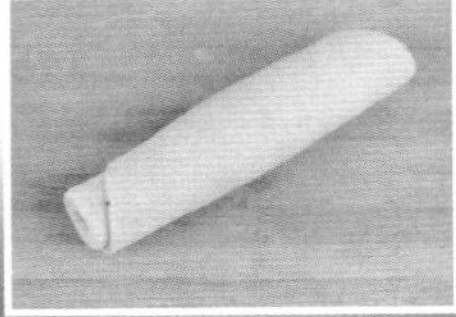

功效：补益肝肾，润肠通便。

补血赤豆浆

原料：赤小豆20克，黄豆30克。

做法：赤小豆和黄豆提前泡8小时，加入适量清水使用豆浆机制作成豆浆。

功效：清热解毒，下乳增乳。

田园小炒

原料：荷兰豆20克，彩椒10克，胡萝卜5克，白果5克。

做法：胡萝卜、彩椒切片；热锅下油，即倒入所有主料，加盐、一调羹水，加盖，大火2分钟，起锅装盘。

功效：健脾和中，助消化。

赤豆蒸饭

原料：赤小豆20克，大米50克。

做法：赤小豆洗净浸泡2小时后煮熟，将大米淘洗干净后倒入煮豆子的红汤中，连同赤小豆一起蒸至米熟即可。

功效：利水消肿，消痈通乳。

四神猪肝汤

原料：猪肝30克，莲子10克，薏苡仁10克，芡实10克，山药20克。

做法：将莲子、薏苡仁和芡实浸泡2小时；山药、猪肝洗净，切丁；砂锅中加入适量清水，加入泡好的莲子、薏苡仁、芡实和山药、猪肝，加盖大火烧开，转小火煮15分钟即可。

功效：补血增乳，养肝明目。

丝瓜蛋汤

原料：鸡蛋1个，丝瓜80克。

做法：丝瓜洗净，去皮切片入沸水中，水再沸后倒入打散的鸡蛋，滴入2滴香油，待汤再沸加盐调味后装碗。

功效：清热，凉血，解毒。

糖醋藕丁

原料：藕100克。

做法：藕洗净切丁；锅内放油，大火炒香姜葱末，放入藕丁翻炒，加入香醋、糖、盐翻炒均匀，出锅。

功效：清热生津，散瘀止血。

产后第3天 一日食谱计划

餐次	餐谱	材料
早餐	山楂苹果饮	山楂20克，苹果30克
	枸杞肉末蒸蛋	鸡蛋50克，枸杞子5克，猪瘦肉10克
	凉拌三丝	海带30克，青椒20克，红椒20克
	奶黄包	小麦粉30克，奶黄馅50克
早加餐	开心果	开心果10克
	百合南瓜羹	鲜百合10克，南瓜40克
午餐	黑木耳腰花汤	水发木耳15克，猪瘦肉20克，猪腰20克
	山楂肉段	猪肉60克，山楂10克
	白灼芥蓝	芥蓝150克
	二米饭	小米30克，粳米70克
高热量	蒸山药	山药100克
午加餐	丁香梨	丁香15克，冰糖20克，大雪梨1个
晚餐	紫菜虾米汤	虾米10克，紫菜5克
	火腿烩杂菌	火腿30克，杂菌100克
	碧绿脆芹炒黄豆	芹菜100克，黄豆50克
	红糖小花卷	小麦粉50克，红糖10克
晚加餐	牛奶	牛奶300毫升

明星食材——山楂

山楂味酸甘，微温，归脾、胃、肝经，具有消食散瘀、行气散结、补脾消积、驱绦虫、疗疝气、催生产等作用。

产后为什么要吃山楂

产褥期止宫缩痛：山楂能入血分而活血散瘀，用红糖炒黑后食用，可以缓解产后宫缩痛，加快恶露排出。

产后助消化：在中医临床中，山楂主要用于消食积，能增加胃中酶的含量，促进消化。

产后降血脂：山楂具有降血脂的作用，对于产后体重管理，调整产后体脂含量有很大帮助。

怎么吃

生山楂不宜空腹食用。生山楂含有大量的有机酸，空腹食用，会使胃酸猛增，对胃黏膜造成不良刺激。

山楂的黄金搭档

蜜山楂

山楂500克洗净去柄、核，加水煮至7成熟，加入蜂蜜50克收汁，开胃、爽口、消食。

山楂粥

大米和小米各25克，加入山楂15克煮粥，餐前或餐后一小碗当作甜点食用，养胃、助消化。

山楂饮

山楂50克、桂花10克、陈皮15克加冰糖熬制70分钟以上，夏季饮用可开胃健脾。

山楂炖排骨

排骨500克加入香料小火慢炖60分钟后加入炒制好的山楂50克再炖20分钟，酸酸甜甜，鲜香肉嫩，助消化，降血脂。

功效食谱做法

枸杞肉末蒸蛋

原料：鸡蛋50克，枸杞子5克，猪瘦肉10克。

做法：将鸡蛋打入碗内搅散，放入盐和清水搅匀，上笼蒸至蛋成形时加入枸杞子蒸至熟；猪瘦肉切末，放入油锅中烧熟，浇在蒸好的鸡蛋上面即成。

功效：健脑益智，养阴护肝。

百合南瓜羹

原料：鲜百合10克，南瓜40克。

做法：南瓜去皮洗净切块，入锅中煲40分钟，然后放入鲜百合续煮20分钟，可根据口味加入冰糖煮滚即可。

功效：养阴润肺，清心安神。

黑木耳腰花汤

原料：水发木耳15克，猪瘦肉20克，猪腰20克。

做法：猪腰剖开，去除白筋，用清水浸泡30分钟；捞起切大块，用适量盐抹匀，腌10分钟后将盐洗净；煮沸清水，放入所有材料，大火煮20分钟，转小火煲一个半小时，下盐调味即可食用。

功效：补肾，养阴，补虚。

山楂肉段

原料：猪肉60克，山楂10克。

做法：把肉切成小块，加入水淀粉、油抓匀；锅内倒油烧至七成热，下入肉段炸至微黄浮起捞出控油；油烧成九成热时把炸好的肉段下入复炸捞出；把油倒出，用锅里底油炒山楂，下入肉段，再倒入用酱油、盐、淀粉、蒜末和水调好的汁翻炒出锅。

功效：益气健胃。

蒸山药

原料：山药100克。

做法：把山药去皮切段，上屉蒸烂取出；勺内加少量的水烧开加淀粉勾芡，淋几滴清油，浇在盘内山药上即成。

功效：补脾，养胃，生津。

二米饭

原料：小米30克，粳米70克。

做法：粳米和小米混合淘洗干净，一同倒入电饭煲中，加入水，蒸熟即可。

功效：养胃和中。

丁香梨

材料：丁香15克，冰糖20克，大雪梨1个。

做法：雪梨去皮，用竹签在梨上扎15个小孔洞，每个洞内放1粒丁香，上笼蒸熟。冰糖加水煮化后，浇在梨上，即为甜酥美味的“丁香梨”。

功效：化痰生津，养胃滋阴。

产后第4天 一日食谱计划

餐次	餐谱	材料
早餐	番薯粥	番薯40克，粳米20克
	拌油麦菜	油麦菜100克
	笋干丝瓜	笋干30克，丝瓜70克
	豆沙包	赤小豆25克，小麦粉35克
早加餐	碧根果	碧根果10克
	绿豆百合薏苡汤	绿豆20克，百合10克，薏苡仁15克
午餐	益母草炖乌鸡汤	乌鸡半只（约150克），益母草30克
	番茄炖牛腩	番茄100克，牛腩100克
	西蓝花胡萝卜炒黑木耳	西蓝花50克，胡萝卜30克，黑木耳20克
	杂粮饭	小米10克，香大米40克，薏苡仁10克，黑米10克，绿豆10克
高热量	蒸玉米	玉米100克
午加餐	草莓	草莓200克
晚餐	莲藕山药汤	山药30克，藕30克
	牛肉末萝卜	白萝卜60克，牛肉20克
	炒合菜	韭菜30克，绿豆芽30克，鸡蛋50克，胡萝卜15克
	葱花饼	小葱10克，面粉40克
晚加餐	牛奶	牛奶300毫升

明星食材——薏苡仁

薏苡仁又称薏米，味甘、淡，性寒，归脾、胃、肺经，具有利水渗湿、健脾、除痹、清热排脓的功效。

产后为什么要吃薏苡仁

帮助产后身体恢复： 薏苡仁营养丰富，易吸收，能促进代谢并减少胃肠负担，尤其适合体弱者及产后食用，对于产后和剖宫产术后的症状改善、体力恢复等都有积极的作用。

美容瘦身： 薏苡仁富含蛋白质、维生素B_1、维生素B_2，常食可以保持皮肤光泽细腻，很多美白润肤霜中都含有薏苡仁成分。薏苡仁中的薏苡仁素、薏苡仁油、薏苡仁酯和三萜化合物等成分还有降脂减肥的作用，对于肥胖女性的瘦身可起到一定辅助效果。

有利于产后子宫恢复： 薏苡仁其性滑利，现代药理研究证实对子宫平滑肌有兴奋作用，可促使子宫收缩。

怎么吃

因产后第一周饮食多以流质或半流质的汤水为佳，尤其适合吃薏苡仁，可促进胃肠蠕动，有利于消化。

薏苡仁的黄金搭档

薏苡仁可以做成薏米粥或薏米饭来食用，还可以做成八宝粥、薏米糊、薏米粉、薏米糕点、薏米面条等。

在煮薏米粥时还应注意不要放碱，因为碱会破坏薏苡仁所含的维生素等，从而使其营养价值降低。

功效食谱做法

番薯粥

原料：番薯40克，粳米20克。

做法：将新鲜番薯洗净，连皮切成小块；粳米淘洗干净，用冷水浸泡半小时，捞出沥水；将番薯块和粳米一同放入锅内，加入约1000毫升冷水煮至粥稠即可。

功效：益胃通便。

笋干丝瓜

原料：笋干30克，丝瓜70克。

做法：泡软笋干，切成条状；丝瓜去皮切条状；起油锅，放入丝瓜跟笋干翻炒，至丝瓜软至出水，即可加盐出锅。

功效：清热化痰。

豆沙包

原料：赤小豆100克，小麦粉140克。

做法：赤小豆洗净，浸泡一夜；放入炖锅煮烂后，小火搅动制成赤豆馅。酵母加入清水化开，加入面粉和成团，分成4份，揉好制成半厘米厚的面皮，中间放上赤豆馅包好，放入蒸锅发酵至1倍大，大火蒸开锅转中火蒸10分钟，关火再闷2分钟即可。产妇可取1个豆沙包早餐食用。

功效：消肿，下乳。

绿豆百合薏苡汤

原料：绿豆20克，百合10克，薏苡仁15克。

做法：薏苡仁、绿豆、百合用水浸泡2小时，加清水煮沸，转小火继续煮约20分钟，至薏苡仁和绿豆酥烂即可。

功效：润肺调中。

益母草炖乌鸡汤

原料：乌鸡半只（约150克），益母草30克。

做法：乌鸡去毛及内脏，洗净，斩成块，放入砂锅；益母草用布包好一同放入锅内加水，可根据口味加入葱、姜、盐等调味料，小火炖煮3小时即可。

功效：补虚、调经、补血。

莲藕山药汤

原料：山药30克，藕30克。

做法：将藕、山药去皮洗净切块；炒锅烧热，倒入一点点油，放入姜丝爆炒，加开水，移入砂锅中，煮开后放入藕和山药，小火煮20分钟即可，加点盐出锅。

功效：清热，生津，补虚。

番茄炖牛腩

原料：番茄100克，牛腩100克。

做法：牛腩切块，冷水入锅，水中加入葱段、姜片、料酒，水开煮5分钟，把牛腩捞出洗去浮沫，沥干水分；番茄划十字刀，入开水中烫一会儿，去皮后切成块；锅内倒油烧至七成热，倒入番茄翻炒均匀，加盐，炒至番茄软烂，关火备用；锅内倒油，冷油加入冰糖，小火熬至出现红褐色，倒入牛腩翻炒上色，加入老抽、料酒、葱、姜，继续翻炒2分钟；将所有食材转移至砂锅，倒入没过食材的开水，大火煮开，小火慢炖一个半小时。

功效：健脾补血，强筋壮骨。

产后第5天 一日食谱计划

餐次	餐谱	材料
早餐	黑芝麻粥	香米20克，熟黑芝麻15克，绵白糖5克
	果仁菠菜	菠菜80克，花生10克
	五香鹌鹑蛋	鹌鹑蛋50克
	叉烧包	猪肉30克，面粉40克
早加餐	榛子	榛子10克
	木瓜红枣莲子蜜	木瓜50克，红枣10克，莲子10克，蜂蜜3克
午餐	番茄生姜鱼丸汤	番茄200克，鱼丸100克，生姜5片
	怀山药炒鸡片	山药50克，青笋40克，鸡胸肉80克，胡萝卜20克，甜椒40克
	爆炒西蓝花	西蓝花150克
	茄汁肉丁盖浇饭	胡萝卜50克，猪肉30克，粳米饭50克
高热量	枣糕卷	面粉30克，红枣10克，红糖10克
午加餐	橙子	橙子200克
晚餐	口蘑冬瓜汤	口蘑20克，冬瓜100克
	荷兰豆炒扇贝	荷兰豆80克，扇贝肉40克
	翡翠豆腐羹	菠菜50克，豆腐50克
	牛肉炒面	牛肉20克，结球甘蓝20克，绿豆芽20克，胡萝卜20克，面条30克
晚加餐	牛奶	牛奶300毫升

明星食材——大枣

大枣，味甘，性温，归脾、胃经，具有补中益气、养血安神、缓和药性的功效。

产后为什么要吃大枣

有助于产后增强免疫力：大枣中的维生素含量十分丰富，特别是维生素C的含量较高，是猕猴桃的4~6倍，柑橘的7~10倍，被誉为“天然的维生素丸”，有助于增强产妇的免疫力，增强体质。

改善产后抑郁：在中医传统药效中，大枣有和中缓急、养血安神的作用，有助于改善产后妇女情志不舒畅、悲伤欲哭、郁闷失眠等一系列产后抑郁症状。

怎么吃

大枣的食用量，如果作为日常食品，建议每日3枚或者10克；如果作为功效食材用于改善某些症状，建议每日不超过12枚或30克。

大枣的黄金搭档

红枣党参茶

红枣10枚，党参15克，水煎当茶饮。用于产后食欲不振，四肢无力。

大枣营养粥

大枣10枚，山药、糯米各30克，共煮粥吃。有补虚健身作用。

花生大枣汤

大枣10枚，花生30克，煮汤，常服。有助于补血。

大枣小麦饮

大枣、浮小麦各30克，水煎服，连续7日，每日1剂。适用于产后汗多。

大枣首乌黑豆饮

大枣12枚，制首乌30克，黑豆30克，水煎每日饮用。适用于产后脱发、白发。

大枣枸杞猪肝汤

枸杞子15克，大枣12枚，猪肝100克，分别洗净，猪肝切块，加水煮汤。可养肝明目。

功效食谱做法

黑芝麻粥

原料：香米20克，熟黑芝麻15克，绵白糖5克。

做法：熟黑芝麻加食盐少许，研碎待用；香米淘洗干净，放入砂锅，加适量清水煮至成粥，调入黑芝麻粉、绵白糖即可。

功效：滋肾阴，增乳汁。

五香鹌鹑蛋

原料：鹌鹑蛋50克。

做法：鹌鹑蛋洗净放入锅中，倒入凉水；水煮开后关火，盖上锅盖焖10分钟，然后用勺子轻敲蛋壳至外皮出现裂缝，重新开火，放入大料、花椒、桂皮、香叶、姜片等煮10分钟，然后倒入料酒、酱油、盐后关火，盖上锅盖闷至汤汁变凉。产妇可取5个食用。

功效：补中，益气，健脑。

果仁菠菜

原料：菠菜80克，花生10克。

做法：菠菜择洗干净，入开水烫过捞出，切段备用；炒锅入油烧至五成熟，放入花生仁炸至八成熟后关火捞出；菠菜段和花生仁中放入盐、香油搅拌均匀，放入盘中即可。

功效：养血，润燥，通便。

木瓜红枣莲子蜜

原料：木瓜50克，红枣10克，莲子10克，蜂蜜3克。

做法：将红枣、莲子加适量冰糖，煮熟待用。然后将木瓜剖开去籽，把红枣、莲子、蜂蜜放到木瓜里面，上笼蒸透后即可食用。

功效：消食和胃，补气养颜，催乳。

番茄生姜鱼丸汤

原料：番茄200克，鱼丸100克，生姜5片。

做法：番茄洗净切片，鱼丸划出十字花，生姜切丝，在砂锅中加入清水和姜丝，大火煮沸后，下番茄、鱼丸，煮滚至熟，调入适量食盐即可。

功效：健脾，益胃，增乳。

怀山药炒鸡片

原料：山药50克，青笋40克，鸡胸肉80克，胡萝卜20克，甜椒40克。

做法：鸡肉切片，加盐、蛋清、干生粉上浆；山药、青笋、胡萝卜去皮洗净，甜椒洗净，均切菱形片；炒锅烧热，入油烧至三成熟，先下葱段炒香，放入鸡片轻轻滑散，倒入山药、胡萝卜、青笋炒至八成熟后，加入甜椒，再加适量高汤，翻炒数下，勾芡后即可食用。

功效：补气，养血。

蘑菇冬瓜汤

原料：蘑菇20克，冬瓜100克。

做法：冬瓜去皮去瓤，切成薄片；蘑菇洗净切片，二者加水同煮，将熟时加盐即成。

功效：利水肿，增乳汁。

产后第6天 一日食谱计划

餐次	餐谱	材料
早餐	醪糟汤圆	汤圆50克，醪糟50克
	豆腐拌海带丝	豆腐50克，海带丝30克
	枸杞蒸蛋	枸杞子5克，鸡蛋50克
	烧饼	小麦粉40克
早加餐	榛子	榛子仁10克
	莲子百合饮	莲子10克，百合20克，银耳5克
午餐	冬荷煲老鸭汤	鸭肉50克，冬瓜100克，芡实30克，干贝15克，荷叶5克
	葱爆羊肉	羊肉50克，洋葱30克，大葱20克
	炒空心菜	蕹菜（即空心菜）200克
	八宝饭	糯米50克，豆沙10克，枣泥10克，果脯10克，莲子5克，薏苡仁10克，龙眼肉5克，白糖5克
高热量	红糖玉米发糕	玉米面20克，小麦粉20克，红糖5克
午加餐	哈密瓜	哈密瓜200克
晚餐	黄瓜竹荪汤	黄瓜50克，竹荪10克
	龙眼虾仁	龙眼肉10克，虾仁100克，胡萝卜50克
	宫爆杏鲍菇	杏鲍菇80克，花生米20克
	红薯饼	小麦粉40克，豆沙20克，番薯30克
晚加餐	牛奶	牛奶300毫升

明星食材——龙眼肉

龙眼肉即桂圆肉，性温，味甘，归心、脾经，具有补心脾、益气血的功效。

产后为什么要吃龙眼肉

龙眼肉甘温滋补，入心脾两经，可帮助改善产后血虚状态。如果产后血虚的情况不十分严重，只要调整饮食就可以改变。而且现代药理学发现，桂圆所含的大量铁、钾等元素能促进血红蛋白的合成，以治疗因贫血造成的心悸、心慌、失眠、健忘。

怎么吃

龙眼肉有如此的补益功效，吃法总结起来就是：晨吃补脾，晚吃安神。晨起用桂圆10枚取肉，煮荷包蛋2个，加适量白糖，空腹吃；睡前吃10枚桂圆，或桂圆肉20克，放入300毫升的沸水中浸泡约5分钟后，吃桂圆肉，喝汤水，可养心安神。

龙眼肉属于热性食物，多吃容易上火，所以有上火发炎、舌苔厚腻、消化不良时忌食。患有痤疮、皮肤疔疮、恶露量多的产妇也忌食。

龙眼肉的黄金搭档

龙眼绿茶饮

取龙眼肉20克，绿茶10克。用400毫升沸水冲闷，每日分3次服完。适用于产后贫血。

龙眼膏

取龙眼肉100克、冰糖200克。加水适量熬制成膏，日服2次，每次5~10克。适用于产后失眠。

龙眼红糖鸡蛋

取龙眼6枚、红糖10克，鸡蛋2个。将龙眼肉、红糖加水适量煮鸡蛋食之。适用于产后体虚。

龙眼大枣生姜汤

取龙眼肉15个，大枣10个，生姜3片。加水煮汤，饮之。适用于产后浮肿。

龙眼猪心汤

取龙眼肉30克，猪心30克。加水煮汤，喝汤吃猪心、龙眼肉，每日一次。适用于产后多汗。

功效食谱做法

醪糟汤圆

原料：汤圆50克，醪糟50克。

做法：锅内倒入适量水煮沸，再放入汤圆，等汤圆煮熟浮上水面后，再放入醪糟，再次煮沸后即可。

功效：补气血，增乳汁。

枸杞蒸蛋

原料：枸杞子5克，鸡蛋50克。

做法：鸡蛋打散加温水，水蛋比例2:1，搅拌后倒入碗中，加入泡好的枸杞子，中火蒸8分钟即可，可淋上几滴香油食用。

功效：补肝肾，养气血。

莲子百合饮

原料：莲子10克，百合20克，银耳5克。

做法：莲子、百合、银耳浸泡4小时，加入清水、冰糖熬至黏稠即可。

功效：养阴润肺，清心安神。

八宝饭

原料：糯米50克，豆沙10克，枣泥10克，果脯（葡萄干、枣干、蔓越莓干、杏干、芒果干）10克，莲子5克，薏苡仁10克，龙眼肉5克，白糖5克。

做法：糯米浸泡4小时以上，沥干水分；蒸笼布挤去水，将糯米均匀铺在上面，隔水大火蒸20分钟；取出蒸熟的糯米饭，加入白糖拌匀，取一大碗，排列好其他材料，再铺上糯米饭至满碗，压平；上蒸锅，大火蒸30分钟，取出饭碗，趁热倒扣在盘中。

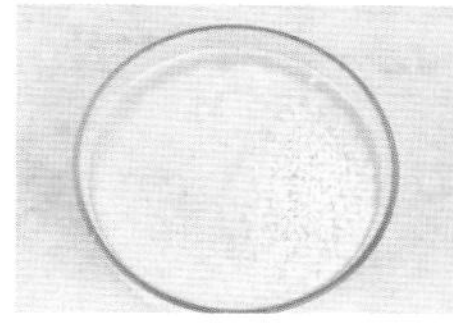

功效：补肾化湿，健脾益胃。

黄瓜竹荪汤

原料：黄瓜50克，竹荪10克。

做法：将竹荪用水浸泡4小时后洗净切段；黄瓜洗净，用刀切成薄薄的长片待用；锅内放清水、盐，加入黄瓜、竹荪，大火烧开后即可。

功效：养阴、清热、利湿。

冬荷煲老鸭汤

原料：鸭肉50克，冬瓜100克，芡实30克，干贝15克，荷叶5克。

做法：荷叶洗净切碎；冬瓜洗净连皮切大块；鸭肉切块洗净，开水中煮10分钟捞起用水冲去浮沫。砂锅中加入适量水煮滚，放入冬瓜、鸭肉、芡实、荷叶、干贝煲滚，小火煲3小时，下盐调味。

功效：滋阴。

龙眼虾仁

原料：龙眼肉10克，虾仁100克，胡萝卜50克。

做法：胡萝卜洗净去皮切丁；炒锅置旺火，加入油烧至七成热，下裹好面糊的虾仁，炸至浅黄色，出锅沥油；炒锅留底油，先放姜丝，放胡萝卜丁炒香，加盐、料酒、鲜汤；再淋入淀粉，放入虾仁，颠翻两下，淋入香油，最后关火前加入龙眼肉一同出锅盛盘。

功效：补血安神，补养心脾。

产后第7天 一日食谱计划

餐次	餐谱	材料
早餐	香菜粥	香菜20克，粳米30克
	蒲公英野菜团	新鲜蒲公英150克，玉米面20克，豆面20克
	拌腐竹	腐竹30克，水发木耳20克
	益母草煮蛋	益母草30克，鸡蛋1个（约50克）
早加餐	木瓜酥	木瓜30克，小麦粉30克
	菊花蜂蜜水	蜂蜜5克，菊花5克
午餐	桂圆牛肉汤	桂圆5枚，牛肉30克
	蘑菇炖鸡块	蘑菇20克，鸡肉80克
	白菜炒粉条	白菜100克，粉条20克，猪肉20克
	五更饭	鸡肉30克，鸡蛋30克，糯米50克
高热量	粗粮煎饼	小麦粉15克，荞麦粉15克，玉米粉15克，黄豆粉15克
午加餐	圣女果	圣女果200克
晚餐	番茄胡萝卜汤	胡萝卜40克，番茄50克，小白菜50克
	丝瓜鸭血	丝瓜100克，鸭血50克
	胡萝卜炒莴笋	胡萝卜50克，莴笋100克
	红豆煎饼	红豆沙20克，小麦粉40克
晚加餐	牛奶	牛奶300毫升

明星食材——益母草

益母草，味辛、苦，性微寒，归心、肝、膀胱经，具有活血化瘀、利尿消肿、清热解毒的功效。

产后为什么要吃益母草

促进产后恢复： 益母草既利水消肿，又能活血化瘀，可帮助产后排恶露，消水肿，促进子宫复原。

防治乳腺炎： 益母草中总生物碱具有明显的抗炎镇痛作用，用于减轻涨奶后的乳房疼痛和预防乳腺炎的形成。

怎么使用

鲜益母草捣汁外敷乳房硬结处，每日4次，可以缓解乳腺炎。益母草性微寒，多吃会伤脾胃，脾胃虚弱、经常拉肚子的人不宜服用。益母草为药食同源材料，如果需要大量长期食用，为了安全起见，建议在执业中医师指导下使用。

益母草的黄金搭档

益母草生姜大枣红糖水

益母草50克，生姜30克，大枣20克，红糖15克，水煎服，每日一剂。适用于产后腹痛。

益母草双莲汤

益母草50克，莲藕300克，莲子200克，加水大火煮开后，小火煮25分钟。适用于产后恶露不绝、乳少。

益母草木耳汤

益母草50克，黑木耳10克，白糖5克，水煎服，每日一剂。适用于产后气血不畅。

益母草薏苡仁鸭肾汤

益母草50克，薏苡仁30克，鸭肾1对，煲汤后食用。适用于产后水肿。

功效食谱做法

蒲公英野菜团

原料：新鲜蒲公英150克，玉米面20克，豆面20克。

做法：新鲜蒲公英煮熟切碎，加调味料制成馅；玉米面和豆面混匀和成面团，加菜馅包裹成团子，上锅蒸20分钟。

功效：清热通乳，消肿散结。

益母草煮蛋

原料：益母草30克，鸡蛋1个（约50克）。

做法：益母草洗净切段沥干水，鸡蛋、益母草放入水中共同煎煮10分钟，把蛋壳去掉，再放入汤中煎煮20分钟。

功效：止痛，缩宫，补血。

菊花蜂蜜水

原料：蜂蜜5克，菊花5克。

做法：将菊花加水煎20分钟，待凉至60℃以下加入蜂蜜，调匀。

功效：清肝明目。

木瓜酥

原料：木瓜120克，小麦粉120克。

做法：熟木瓜去皮和籽制成泥；小麦粉中加适量猪油和水揉成面团，分成4份，制成面皮后中间包入木瓜泥，入油锅炸或烤箱烤，看到表面有小裂口即可。产妇可取1个食用。

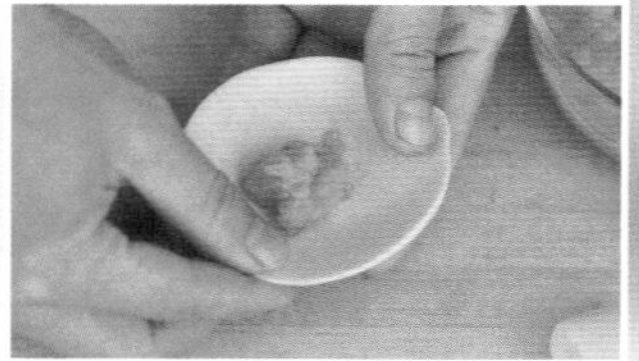

功效：增乳，养颜。

桂圆牛肉汤

原料：桂圆5枚，牛肉30克。

做法：牛肉洗净切成小块，开水氽烫后去浮沫；桂圆去皮取肉；用砂锅将牛肉炖煮50分钟，加入桂圆，待牛肉烂熟后加盐调味即可。

功效：补心气，益心脾。

丝瓜鸭血

原料：丝瓜100克，鸭血50克。

做法：丝瓜切块备用；鸭血切块氽烫后捞出；油锅爆葱姜，倒入鸭血，加入适量水，煮沸后加入丝瓜煮熟后放入盐调味即可。

功效：滋阴补血。

红豆煎饼

原料：红豆沙80克，小麦粉160克。

做法：面粉加水制成面糊，油锅加热，倒入面糊，待面糊定型后，将红豆沙摊煎饼上，折叠面饼，煎至两面呈金黄色，切开分成4份。产妇可取1份食用。

功效：消肿利水。

第二周

（第8~14天）增乳汁，收缩内脏

产后第8天 一日食谱计划

餐次	餐谱	材料
早餐	香米绿豆粥	香米20克，绿豆15克
	白果炒西芹百合	白果10克，鲜百合10克，西芹30克
	菠菜拌银鱼	菠菜200克，银鱼30克
	蔬菜馒头	紫薯15克，南瓜15克，小麦粉20克
早加餐	花生红糖芝麻桃酥	花生5克，芝麻5克，红糖5克，小麦粉20克
	生姜枸杞红枣汤	生姜2克，枸杞子15克，红枣10克
午餐	佛手瓜排骨汤	佛手瓜100克，猪肋排50克，杏仁8克
	葱烧肥鸭	洋葱25克，胡萝卜25克，鸭肉50克
	绿茶娃娃菜	绿茶1克，海带5克，娃娃菜50克
	香菇鸡肉炒饭	香菇15克，洋葱30克，鸡胸肉30克，鸡蛋30克，米饭50克
高热量	薏米饼	小麦粉25克，薏米粉30克
午加餐	荔枝	荔枝150克
晚餐	蒲公英豆腐汤	豆腐50克，鲜蒲公英叶125克
	胡萝卜炒玉米	胡萝卜50克，玉米30克
	木耳炒肉	猪肉50克，木耳50克，胡萝卜30克
	海鲜面	面条50克，扇贝20克，甜菜叶50克，荠菜50克
晚加餐	牛奶	牛奶300毫升

明星食材——生姜

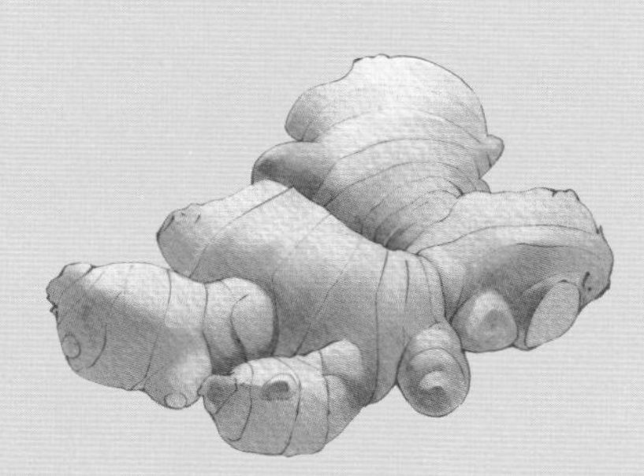

生姜味辛，性微温，归肺、脾经，具有发汗解表、温中止呕、温肺止咳的功效。

产后为什么要吃生姜

增进食欲：生姜有健胃、增进食欲的作用，女性产后容易出现食欲不佳的情况，这时就特别适合食用生姜。

祛湿排毒：姜可促使汗孔张开，排出汗液，带走多余的热量，同时将体内毒素排出体外。

怎么吃

姜的吃法很多，如喝姜汤、吃姜粥，炒菜的时候放姜丝，炖肉、煎鱼加姜片，做包子、水饺馅时加姜末，可以使味道鲜美，促进食欲，帮助消化，利于肠道对营养成分的吸收。生姜还可制成姜汁、姜油等成品。

生姜不能食用过量，建议每次用量不超过10克，食用过多可导致口干、咽痛、便秘等症。烂姜、冻姜不要食用，因为姜变质后会产生致癌物。

功效食谱做法

花生红糖芝麻桃酥

原料：花生50克，芝麻50克，红糖50克，面粉200克。

做法：面粉加入黄油、盐、打散的鸡蛋拌匀揉成团，裹上保鲜膜静置30分钟，然后制成10个小饼，入烤箱170℃烤15~20分钟。产妇可取一个食用。

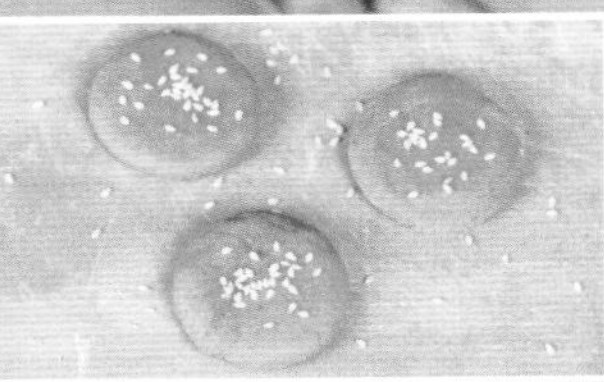

功效：补脾、缓肝、散瘀。

生姜枸杞红枣汤

原料：生姜 2 克，枸杞子 15 克，红枣 10 克。

做法：红枣、枸杞子洗净，红枣去核；生姜去皮切片备用；将水、红枣、枸杞子和生姜放入宽口砂锅，大火煮开，转小火煲一个小时，下红糖，待糖溶解后即可饮用。

功效：补血安神，养阴生津。

香米绿豆粥

原料：香米 20 克，绿豆 15 克。

做法：香米和绿豆分别淘洗干净；将绿豆放入锅中，加清水小火煮 40 分钟至酥烂时，放入香米再煮 30 分钟即可。

功效：生津止渴，清热解毒。

白果炒西芹百合

原料：白果 10 克，鲜百合 10 克，西芹 30 克。

做法：百合、白果洗净，西芹洗净切段，油锅加热放入白果炒熟，再加入西芹、百合翻炒，加入盐等调味料，用水淀粉勾芡即可。

功效：养阴润肺，清心安神。

薏米饼

原料：小麦粉100克，薏米粉120克。

做法：小麦粉、薏米粉加油搅拌成面团，用模具制成4个饼胚，放入烤箱170℃烤20~25分钟取出即可。产妇可取1个食用。

功效：利水渗湿，消肿排脓。

佛手瓜排骨汤

原料：佛手瓜100克，猪肋排50克，杏仁8克。

做法：佛手瓜洗净切块；猪肋排洗净切成单根，斩段入沸水中焯去血水；杏仁温水泡软备用；锅内入适量清水，放入焯好的猪肋排段、杏仁、姜、葱，武火烧沸后转文火煲1小时，放入佛手瓜块，再煲半小时，加盐调味即可。

功效：疏肝解郁，理气和中。

蒲公英豆腐汤

原料：豆腐50克，鲜蒲公英叶125克。

做法：蒲公英洗净，在沸水中焯烫一下过冷水；砂锅加水放入豆腐块煮开后，加入烫好的蒲公英叶，煮沸后加入盐调味即可。

功效：清热、解毒、消肿。

产后第9天 一日食谱计划

餐次	餐谱	材料
早餐	赤豆糙米粥	赤小豆10克，糙米30克
	红糖糯米藕	糯米10克，藕50克，红糖3克
	凉拌双花	西蓝花50，花椰菜50克
	冬瓜蒸饺	火腿15克，猪肉15克，冬瓜30克，面粉30克
早加餐	山核桃	山核桃仁10克
	桔梗麦冬山楂饮	桔梗10克，麦冬10克，冰糖3克，山楂3克
午餐	丝瓜鲫鱼汤	鲫鱼100克，丝瓜50克
	山药黄焖鸡	山药50克，鸡肉50克，彩椒15克，香菇15克
	什锦素烩	花生仁5克，山核桃仁5克，香菜20克，冬瓜20克，黄瓜20克，西葫芦20克，莴笋20克，扁豆15克
	高粱米饭	高粱米80克，粳米20克
高热量	蒸紫薯	紫薯50克
午加餐	甜橙	甜橙100克
晚餐	原味蔬菜汤	紫甘蓝10克，毛豆10克，西葫芦10克，西芹10克
	木瓜煲排骨	猪小排100克，木瓜80克
	豌豆苗炒杏鲍菇	豌豆苗70克，杏鲍菇30克
	葱油薄饼	小麦粉40克
晚加餐	牛奶	牛奶300毫升

明星食材——桔梗

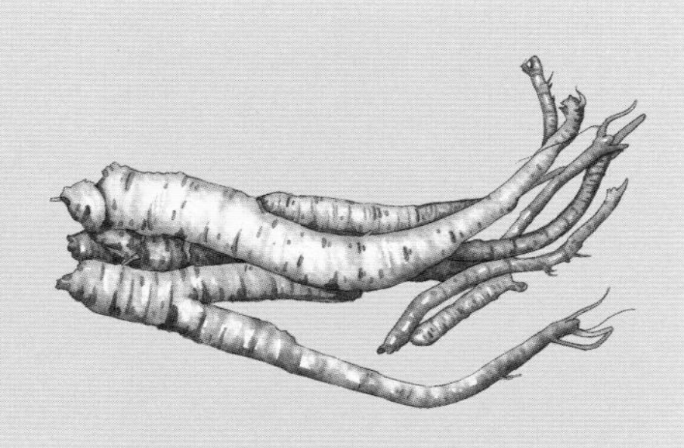

桔梗味苦、辛，性平，归肺经，具有开宣肺气、祛痰排脓的功效。

产后为什么要吃桔梗

桔梗是一味临床常用中药，出现在很多经典方剂如三物白散、参苓白术散、天王补心丹、血府逐瘀汤等中，作为引经药，引导其他药物直达病所。所以桔梗如同舟楫，可以把药物和所摄入的营养物质载之上浮至身体上部，从这个角度讲，它助力产后催乳。

怎么吃

桔梗的茎叶和根都是营养疗效食品。桔梗可以在药店购买，也可以网购，选择粗细均匀、圆柱形、表面黄棕、内部白的为好。

桔梗的黄金搭档

桔梗炒瓜片

将桔梗根洗净除去外皮，放入开水中焯一下，捞出切片。黄瓜切片，用盐腌去水分，将两菜混拌在一起，加入辣椒酱、醋、味精调匀即成。此道菜有清热宣肺增乳的作用。

凉拌桔梗叶

将鲜嫩的桔梗茎叶用开水焯一下，再用凉水冲洗几次，沥干，加入精盐、味精、白糖、醋、麻油等调料，拌匀即可食用。这道凉拌菜具有清热解毒、通乳消痈的功效。

风味朝鲜族咸菜

首先将新鲜的桔梗根洗净去皮，放在热水中浸泡2小时除去苦味后，再撕成细丝，拌上酱油、辣椒粉及其他调料，做成香辣味美的风味咸菜。产后哺乳期建议不加辣椒粉等辛辣调料。

清炒桔梗茎叶

将桔梗鲜茎叶洗净，切3~5厘米段。放入加葱花的油锅中煸炒，再加入少许盐炒至入味，点入味精出锅即成。此菜鲜美爽口，具有防衰老和润肤健美之功效。

功效食谱做法

赤豆糙米粥

原料：赤小豆 10 克，糙米 30 克。

做法：赤小豆洗净浸泡 4 小时以上，糙米淘洗后浸泡 1 小时，大火将赤小豆、糙米一起煮开，转小火煮 2 小时。

功效：利水消肿，清热解毒，排脓。

红糖糯米藕

原料：糯米 10 克，藕 50 克，红糖 3 克。

做法：糯米淘洗干净，藕洗净去皮切开一头，将泡好的糯米塞入藕孔中，装满糯米后，将切开的盖子盖好用牙签固定住，放入锅中煮 2 小时，取出晾凉切片，浇上红糖浆。

功效：清热、生津、养血。

冬瓜蒸饺

原料：火腿 15 克，猪肉 15 克，冬瓜 30 克，面粉 30 克。

做法：面粉加水和成面团，制成饺子皮；猪肉做成肉馅，放入火腿末、姜末和盐等调味料拌匀；冬瓜洗净去皮切小丁，放入肉馅中拌匀；每张饺子皮中包入适量馅料捏成饺子；入笼屉大火蒸 8 分钟即可。

功效：清热、利尿、解毒。

丝瓜鲫鱼汤

原料：鲫鱼100克，丝瓜50克。

做法：鲫鱼去鳞、去鳃和内脏，洗净沥水，在两侧划十字刀花，加葱、姜腌制片刻；丝瓜去皮切条；油锅加热至七成放入鲫鱼，小火慢煎至两面金黄，加入热水，大火滚汤至奶白色；锅内下丝瓜条，旺火烧开后再烧3分钟，见汤呈乳白色、待丝瓜已酥时，加盐调味再烧2分钟即可。

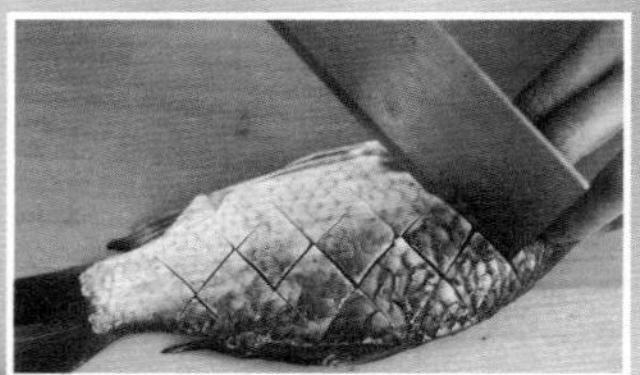

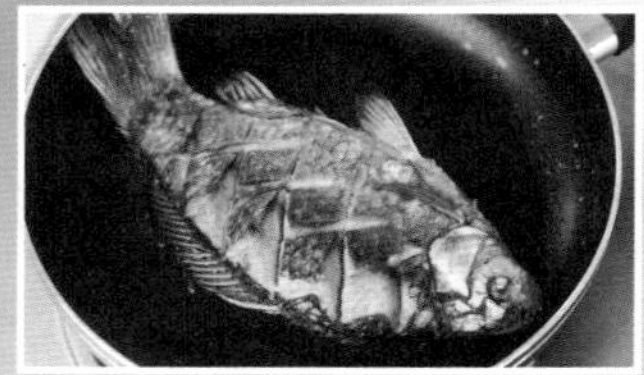

功效：健脾胃，通血脉，下乳汁。

山药黄焖鸡

原料：山药50克，鸡肉50克，彩椒15克，香菇15克。

做法：鸡肉洗净剁块；山药去皮洗净切块；彩椒、香菇切块备用；油锅烧至五成热，倒入鸡块大火煸炒至表皮略呈黄色，淋入生抽，放入香菇，加水没过鸡块，加入山药块，盖上锅盖，小火焖至微微收汁，放入彩椒再焖片刻，加盐出锅即可。

功效：补脾养胃，生津益肺。

桔梗麦冬山楂饮

原料：桔梗10克，麦冬10克，冰糖3克，山楂3克。

做法：桔梗洗净切片备用；山楂洗净去皮去核；麦冬洗净沥干备用；把所有材料放入炖盅加水加盖，隔水小火炖2小时，调入冰糖即可。

功效：收缩子宫，增乳滋阴。

木瓜煲排骨

原料：猪小排100克，木瓜80克。

做法：木瓜去皮去核、洗净切厚块；煲内加水放入排骨和木瓜煲滚，慢火煲3小时，下盐调味。

功效：舒筋活络，益气滋阴。

产后第10天 一日食谱计划

餐次	餐谱	材料
早餐	番茄山药粥	山药20克，番茄30克，粳米30克
	拌青红白	胡萝卜15克，金针菇30克，西芹30克
	卤豆腐鸡	鸡肉30克，豆腐30克
	糖三角	红糖30克，小麦粉40克
早加餐	松子仁	松子仁10克
	玫瑰红枣茶	红玫瑰10克，红枣10克
午餐	艾叶猪肝汤	猪肝50克，艾叶10克
	莴笋熘肉片	莴笋100克，胡萝卜30克，猪肉50克
	丝瓜烩鲜贝	丝瓜100克，扇贝20克
	薏米蒸泰国香米	香米60克，薏苡仁10克
高热量	栗子糕	糯米粉30克，栗子仁30克
午加餐	火龙果	火龙果200克
晚餐	八宝莲子银耳汤	银耳10克，百合5克，花生仁5克，莲子5克，红枣5克，薏苡仁5克，桂圆2克，枸杞子3克
	蒲公英炒鸡蛋	鸡蛋50克，鲜蒲公英叶100克
	凉拌三片	番茄30克，胡萝卜30克，黄瓜40克
	三鲜包子	小麦粉40克，虾皮10克，猪肉30克，白菜50克
晚加餐	牛奶	牛奶300毫升

明星食材——丝瓜

丝瓜味甘、性平，入肝、胃、肺经，具有清凉化痰、凉血解毒、通经络、行血脉、利尿、下乳、止血等功效。

产后为什么要吃丝瓜

通乳汁：丝瓜成熟后，老熟瓜的内部干枯时采摘，除去外皮和果肉，洗净晒干，即为丝瓜络。通乳是丝瓜络所特有的功效，食用丝瓜络可以起到通乳开胃化痰的功效。

解毒消痈：丝瓜果实性味甘平，可治疗燥热烦渴等症，如口鼻干燥、口臭、牙龈肿痛、小便黄、便秘、皮肤痘疮等。

美肤养颜：可按照1:20的比例在丝瓜汁中加入温水用来每日清洁面部，可帮助肌肤去除多余油脂，使粗大毛孔变得细小平整；或者每天晚上用棉片蘸丝瓜汁涂抹面部，15~20分钟后用清水冲洗，每日坚持，皮肤会变得白皙有光泽。

丝瓜的黄金搭档

丝瓜络佛手猪肝汤

猪肝150克，丝瓜络20克，合欢花、山楂各10克，佛手、菊花、陈皮各6克，调味品适量。猪肝洗净切片，放入沸水中煮至再沸，汆去血水后，捞出沥水备用；砂锅中加入适量清水烧开，放入诸药，加蒜片，倒入处理好的猪肝，淋入料酒烧开后，小火煮30分钟至食材熟烂，调味即可。每日一剂。适用于产后乳房肿胀疼痛，乳汁不通。

丝瓜络鲫鱼汤

鲫鱼1条（约500克），丝瓜络15克，调味品适量。鲫鱼去鳞洗净，丝瓜络纱布包裹后同入锅中，加清水800毫升，煮至400毫升，分2次食用。适用于产后乳少，乳汁不通。

丝瓜络粥

大米100克，丝瓜络30克，白糖10克。丝瓜络择净，放入锅内，加水、米煮粥，待熟时调入白糖，再煮沸，每日1剂。适用于产后水肿，乳汁不通，面色晦暗，痔漏。

功效食谱做法

番茄山药粥

原料：山药20克，番茄30克，粳米30克。

做法：山药洗净切片，番茄洗净切片，大米淘洗干净，将大米、山药加水煮沸改小火煮30分钟，加入番茄再煮10分钟即可。

功效：健脾开胃。

艾叶猪肝汤

原料：猪肝50克、艾叶10克。

做法：猪肝去血水洗净切片，加入酒和淀粉抓腌一下，入滚水中汆烫一下捞起备用；锅中加水煮沸，放入艾叶和姜丝、盐等调味品，加入猪肝烧煮至熟即可。

功效：养肝，明目，补血。

玫瑰红枣茶

原料：红玫瑰10克，红枣10克。

做法：红枣洗净去核；将红玫瑰和红枣用80℃水冲泡即可。

功效：疏肝解郁。

丝瓜烩鲜贝

原料：丝瓜100克，扇贝20克。

做法：丝瓜洗净去皮切条备用；扇贝洗净备用；锅内热油，用葱爆香，加入丝瓜翻炒，加盐，加入扇贝炒至入味即可。

功效：清热解毒，通经活络，增乳通乳。

糖三角

原料：红糖30克，小麦粉40克。

做法：面粉加酵母和水和成面团发酵，将发酵好的面团制成30厘米直径的大圆面皮，面皮内包入30克红糖馅，收口捏成三角形，放入笼屉内静置10分钟，用旺火蒸20分钟出笼。

功效：补脾胃，散瘀血。

八宝莲子银耳汤

原料：银耳10克，百合5克，花生仁5克，莲子5克，红枣5克，薏苡仁5克，桂圆2克，枸杞子3克。

做法：将银耳、莲子、薏苡仁、花生仁分别单独泡水，大概需要泡4小时；烧开一锅开水，把银耳、莲子、薏苡仁、花生、红枣放入锅里，大火烧开后改小火炖2小时，再加入百合、桂圆炖15分钟后放入枸杞子和冰糖，中火炖5分钟即可。

功效：滋阴养颜。

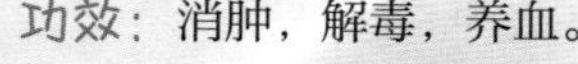

蒲公英炒鸡蛋

原料：鸡蛋50克，鲜蒲公英叶100克。

做法：蒲公英洗净切碎备用；鸡蛋打散加入盐等调料搅匀；油锅下葱蒜和蒲公英翻炒出香味，再倒入鸡蛋液翻炒出锅。

功效：消肿，解毒，养血。

产后第11天 一日食谱计划

餐次	餐谱	材料
早餐	酸甜萝卜	白萝卜50克
	凉拌三丝	牛蒡20克，迷你黄瓜30克，胡萝卜30克
	馄饨	荠菜30克，猪肉20克，小麦粉20克
	海鲜蔬菜饼	海米10克，韭菜30克，小麦粉40克
早加餐	南瓜子仁	南瓜子仁10克
	酒酿甜汤	冰糖2克，醪糟30 克，芒果20克，蜜枣5克，银耳10克
午餐	滋补乌鸡汤	薏苡仁20克，乌骨鸡100克，枸杞子6克，莲子5克
	鲫鱼烧豆腐	鲫鱼100克，豆腐50克，玉兰片30克
	白灼芥蓝	芥蓝100克
	野菜拌饭	糯米50克，牛肉20克，鸡蛋30克，黄豆芽20克，菠菜20克，苣荬菜20克，白花桔梗10克，香菇15克
高热量	山楂山药糕	山楂10克，山药60克
午加餐	黄桃	黄桃150克
晚餐	草菌丝瓜汤	丝瓜100克，平菇15克，滑子菇15克
	百合鲜蔬炒虾仁	鲜百合20克，西芹100克，胡萝卜20克，虾仁50克
	醋熘里脊	里脊肉100克
	炒螺旋意面	螺旋意面40克，冬笋15克，西蓝花15克，豆腐干20克
晚加餐	牛奶	牛奶300毫升

明星食材——

醪糟性温，味甘、辛，入肺、脾、胃经，具有补气、生津、活血的功效。

产后为什么要吃醪糟

促进产后乳汁分泌：醪糟由糯米发酵而成，糯米中的一些蛋白质经过发酵，转化为人体容易吸收的氨基酸成分，提高了营养成分的吸收率，同时醪糟中的铁、钙、磷等成分的相互协调和相互补充作用，可以促进乳汁分泌，增加奶量。

怎么吃

醪糟中含有低量酒精，一般浓度在0.5~5.0%vol，市面上可以买到的大部分成品醪糟酒精度在2.2%vol左右。产妇在母乳不足时，可间断食用醪糟，并持续煮沸15分钟后食用。建议食用2小时后再喂奶。

醪糟的黄金搭档

牛奶鸡蛋醪糟

将醪糟30毫升入沸水中，持续沸腾15分钟，倒入蛋液搅成蛋花，并撒入几颗葡萄干、核桃仁、花生仁、果干，加入5克白糖，最后加入煮好的牛奶。奶香扑鼻，蛋花柔软，色彩斑斓，甜中带酸。

醪糟养颜羹

将干玫瑰花15朵用淡盐水泡发30分钟，去除杂质；3颗红枣、葡萄干5克提前用水泡发备用；锅中放入适量清水，加入红枣、葡萄干、醪糟煮沸；再根据口味调入盐、柠檬汁或橙汁、白糖。连续煮沸20分钟，出锅撒上食用玫瑰花瓣。香甜可口，美白养颜，疏肝解郁，增乳。

功效食谱做法

南瓜子仁

原料：南瓜子仁15克。

做法：南瓜子剥仁，烘焙熟即可。

功效：下乳，消肿，通便。

酒酿甜汤

原料：冰糖2克，醪糟30克，芒果20克，蜜枣5克，银耳10克

做法：银耳提前泡发备用；锅中加适量的水，加入银耳煮开，再入芒果、蜜枣、冰糖，放入醪糟，再次煮开时放入水淀粉搅拌煮开即可。

功效：通血脉，增乳汁。

滋补乌鸡汤

原料：薏苡仁20克，乌鸡100克，枸杞子6克，莲子5克。

做法：乌鸡去毛去内脏杂物等洗净，剁块汆烫好备用；薏苡仁、枸杞子和莲子清水泡开洗净；砂锅中放入水、葱姜、薏苡仁、枸杞子、莲子和乌鸡，大火煲45分钟，加入盐等调味料即可。

功效：补虚劳，养身体。

野菜拌饭

原料：糯米50克，牛肉20克，鸡蛋30克，黄豆芽20克，菠菜20克，苣荬菜20克，白花桔梗10克，香菇15克。

做法：米饭蒸熟备用；黄豆芽、菠菜、苣荬菜、桔梗洗净切段，香菇洗净切小块；牛肉切末炒熟备用；油锅烧热，下入打散的鸡蛋搅碎，加入牛肉末，翻炒后加入熟米饭炒至微黄，放入黄豆芽、菠菜、苣荬菜、桔梗、香菇炒至菜熟，加盐等调味料即可。

功效：健脾胃、清热毒、润肠道。

鲫鱼烧豆腐

原料：鲫鱼200克，豆腐100克，玉兰片60克。

做法：鲫鱼去鳞鳃和内脏，洗净，两侧片花刀，拍上干淀粉备用；油锅烧至五成热下姜末，放入鲫鱼，煎至两面微黄，放入醋、白糖，加开水没过鱼身，再加入盐、料酒、豆腐和玉兰片，煮滚后转小火炖20分钟，待汤变成奶白色浓稠，撒葱花蒜末出锅。产妇可取一半食用。

功效：通血脉，下乳汁。

百合鲜蔬炒虾仁

原料：鲜百合20克，西芹100克，胡萝卜20克，虾仁50克。

做法：虾仁洗净沥水，切成两段；西芹洗净切段，胡萝卜洗净切片，鲜百合掰成片洗净备用；油锅烧热，爆香姜片和胡萝卜片，放入西芹翻炒1分钟加少量水煮沸，倒入虾仁翻炒，加盐等调味料，放入百合拌炒均匀，水淀粉勾芡即可出锅。

功效：清热解毒，利尿，止血。

草菌丝瓜汤

原料：丝瓜100克，平菇15克，滑子菇15克。

做法：丝瓜去瓤洗净切滚刀段，平菇、滑子菇洗净撕成小块备用；锅内倒油烧热，入葱花爆香，放入丝瓜、平菇、滑子菇翻炒，加水没过菜加盖煮，待熟时加入盐等调味料即可。

功效：健脾，开胃，增乳。

产后第12天 一日食谱计划

餐次	餐谱	材料
早餐	黑芝麻汤圆	黑芝麻10克，糯米粉40克
	虾仁蒸蛋	鸡蛋50克，虾仁25克
	菠菜拌金针菇	金针菇20克，菠菜50克
	瑶柱蒸饺	扇贝柱20克，猪肉30克，小麦粉30克
早加餐	糖炒栗子	熟栗子仁15克
	木瓜酸奶	木瓜50克，酸奶100克
午餐	猪蹄茭白汤	猪蹄50克，茭白75克
	杂粮土鸡煲	玉米50克，胡萝卜30克，山药20克，香菇15克，薏苡仁50克
	蘑菇木耳炒西蓝花	蘑菇15克，水发木耳10克，西蓝花50克，胡萝卜30克
	藜麦赤豆饭	粳米60克，赤小豆20克，藜麦20克
高热量	粗粮玉米饼	玉米粉50克
午加餐	紫葡萄	紫葡萄200克
晚餐	冬瓜玉米骨头汤	猪骨50克，冬瓜100克，玉米50克
	山药烧肉	山药50克，猪肉50克
	鱼香茄子	茄子100克
	双色馒头	小麦粉30克
晚加餐	牛奶	牛奶300毫升

明星食材——木瓜

木瓜味甘、性平，入肝、脾经，具有清凉化痰、凉血解毒、通经络、行血脉、利尿、下乳、止血等功效。

产后为什么要吃木瓜

改善产后少（无）奶：木瓜可以催奶。现代研究已经证实，木瓜含有丰富的木瓜酶，可以促进乳腺发育；凝乳酶能刺激卵巢分泌激素，使乳腺畅通。

美容抗衰老：木瓜含有大量的胡萝卜素、碳水化合物、蛋白质、多种维生素及多种人体必需的氨基酸，可有效补充人体的养分，增强机体的抵抗能力，长期服用，对身体具有滋补强壮作用。

怎么吃

木瓜籽味道苦涩，大量食用对人体生殖系统有不利影响，不建议食用。

木瓜的黄金搭档

木瓜增奶汤

取木瓜100克，蜂蜜30克，加水1000毫升共煮沸，改文火再煮10分钟，每日分2次饮用，帮助催奶。

木瓜乌梅饮

取木瓜、乌梅各15克，煎汤代茶饮。用于治疗夏季暑热尿频、腹泻。

木瓜粥

用木瓜30克、粳米100克，放入水中，熬至米烂粥熟，加红糖15克，稍煮溶化后即食，每日早晚食用，连服数日。增乳，缓解双下肢水肿。

木瓜蜜

用木瓜4个，蒸熟捣烂成泥，兑入蜂蜜200克，和匀装罐内备用，食用时用白开水冲服，每次1匙约20克，每日早晚各食用1次。可治疗产后关节痛。

功效食谱做法

黑芝麻汤圆

原料：黑芝麻10克，糯米粉40克。

做法：锅内水开，放入汤圆，用勺背轻推汤圆避免粘锅，煮到汤圆漂浮起来，小火焖煮后关火，放置片刻。汤圆可选用市售低糖汤圆，产妇每次取2个食用。

功效：益肝、养血、润燥、乌发。

虾仁蒸蛋

原料：鸡蛋50克，虾仁25克。

做法：虾仁洗净切碎备用；鸡蛋打散入碗中，加2倍温水搅匀，冷水上锅，盖盖蒸5分钟至表面凝固，放入虾仁，继续蒸至熟透。

功效：滋阴、润燥、养血。

木瓜酸奶

原料：木瓜50克，酸奶100克。

做法：木瓜洗净去皮切小块，加入酸奶即可。

功效：消食下乳，除湿通络。

猪蹄茭白汤

原料：猪蹄50克，茭白75克。

做法：茭白洗净，切成小块备用；猪蹄汆烫后刮去浮皮去毛洗净，剁成小块放入锅内加清水、料酒、葱姜煮沸，撇去浮沫，小火炖至猪蹄熟烂，放入茭白，可搭配滑子菇、小油菜、胡萝卜等，再煮5分钟，加入食盐即可。

功效：补气血、润肌肤、通乳汁。

藜麦赤豆饭

原料：粳米60克，赤小豆20克，藜麦20克。

做法：赤小豆洗净，加足量清水浸泡4小时以上备用；藜麦、粳米洗净放入电锅，加入赤小豆和适量清水蒸熟即可。

功效：利水消肿、清热解毒。

冬瓜玉米骨头汤

原料：猪骨50克，冬瓜100克，玉米50克。

做法：冬瓜洗净切块，玉米剁块备用；猪骨头洗净，和玉米、冬瓜一起入锅，加水和姜片炖好后，加盐和香葱等调味即可。

功效：调中开胃，利尿消肿。

山药烧肉

原料：山药50克，猪肉50克。

做法：山药去皮洗净切块备用；热锅上油，把肉炒变色，加姜末炒香，烹料酒翻炒，加入山药翻炒，调入盐、老抽、冰糖等调味料翻炒，加水没过全部材料，烧开后转小火煮30分钟，大火收汁即可。

功效：健脾益胃，滋肾益精。

产后第13天 一日食谱计划

餐次	餐谱	材料
早餐	小米薏仁南瓜粥	薏苡仁5克，小米20克，南瓜20克，红糖2克
	蒲公英拌香干	鲜蒲公英100克，豆腐干30克
	芝麻拌莴笋鸡丝	芝麻10克，莴笋100克，鸡胸脯肉30克
	茯苓包子	茯苓20克，小麦粉40克，猪肉40克
早加餐	蜜汁红枣	红枣10克
	杏仁豆浆	杏仁10克，黄豆30克
午餐	牛肉胡萝卜汤	牛肉50克，奶白菜20克，胡萝卜30克
	清炖甲鱼	甲鱼100克，鸡肉50克，枸杞子10克
	西芹百合	西芹100克，百合30克
	火腿鸡蛋炒饭	鸡蛋20克，火腿25克，胡萝卜15克，米饭50克
高热量	烤馒头片	馒头50克
午加餐	芒果	芒果75克
晚餐	鸭蛋薄荷汤	鸭蛋50克，鲜薄荷叶30克
	水晶肉丸	香菇15克，鸡蛋30克，油菜心20克，西蓝花20克，猪肉100克
	炒丝瓜	丝瓜100克
	葱油饼	小麦粉40克，葱花2克
晚加餐	牛奶	牛奶300毫升

明星食材——蒲公英

产后为什么要吃蒲公英

帮助通乳：蒲公英叶有疏通阻塞的乳管、促进乳汁分泌的作用。用蒲公英捣烂外敷乳房，有消肿止痛的效果。

改善会阴水肿：蒲公英有清热解毒、化瘀消肿的作用，对金黄色葡萄球菌、铜绿假单胞菌有抑制作用。可将蒲公英和野菊花搭配使用，外敷患处使产妇感到舒适清凉，有助于消除外阴水肿，促进伤口愈合，有效预防感染。

怎么吃

煎汤服用时，蒲公英建议用量鲜品每次10~30克，干品每次不超过15克，如果用量过大，可导致缓泻。

蒲公英的黄金搭档

蒲公英粥

新鲜蒲公英30克，粳米100克，煮成粥，每日早晚食用。具有清热解毒、消肿散结的作用。

蒲公英桔梗汤

新鲜蒲公英60克，桔梗10克，冰糖10克，一起煎煮成汤，每日早晚食用。消乳痈及一切痈肿。

蒲公英玉米须汤

新鲜蒲公英60克，新鲜玉米须30克，冰糖10克，一起煎煮成汤，每日多次饮用。通乳汁，消痈肿，治疗热淋、小便短赤。

蒲公英酱

取蒲公英花序200个，加水1升，2个柠檬挤汁，熬煮1小时即成，有增进食欲的功效。

功效食谱做法

小米薏仁南瓜粥

原料：薏苡仁5克，小米20克，南瓜20克，红糖2克。

做法：南瓜洗净去皮，切小块；小米、薏苡仁淘洗干净，锅内加水煮滚，放入南瓜块、小米、薏苡仁，再煮滚后小火煮30分钟至浓稠即可。

功效：解毒消肿。

蒲公英拌香干

原料：新鲜蒲公英100克，豆腐干30克。

做法：蒲公英洗净，焯烫晾凉切碎；香干用开水煮软，凉后切丁；蒲公英与香干混合加盐、香油等调味料拌匀即可。

功效：清热解毒，消肿散结。

茯苓包子

原料：茯苓20克，小麦粉40克，猪肉40克。

做法：猪肉剁馅，加入葱末、花椒粉、盐、料酒、酱油、花生油、香料等调味料，调匀备用；将茯苓去皮，用水浸透，然后煮汁，用温热茯苓汤汁和面粉、酵母和成面团，经2小时发酵，擀皮包入馅料，做成茯苓包子，在旺火上蒸20分钟即成。

功效：益脾和胃，利水渗湿。久食可强身长寿。

杏仁豆浆

原料：杏仁10克，黄豆30克。

做法：杏仁和黄豆洗净提前泡发4小时以上，放入豆浆机中，加水至刻度线，按“豆浆”键制成豆浆。

功效：止咳平喘，润肠通便。

蜜汁红枣

原料：红枣50克。

做法：红枣洗净去皮泡开沥水；红枣、白糖一同入锅，加水大火煮开，待糖溶化后转小火慢炖，待汁水黏稠拌匀即可。建议取3颗大枣（约重10克）食用。

功效：补中益气，养血安神。

鸭蛋薄荷汤

原料：鸭蛋50克，鲜薄荷叶30克。

做法：砂锅中加入适量水，烧沸后打入鸭蛋液，煮至半熟，放入鲜薄荷叶再煮片刻，加入食盐等调味料即可。

功效：滋阴平肝，清利头目。

清炖甲鱼

原料：甲鱼100克，鸡肉50克，枸杞子10克。

做法：甲鱼宰杀放净血入沸水中焯烫，去皮去盖去内脏和爪，剁块备用；鸡肉切块焯烫；炒锅放油烧至七成热，加葱姜蒜炒香，放入甲鱼、鸡肉、酱油煸炒2分钟，加入清汤，煮滚后转小火炖至酥烂，打去浮沫加入调味料即可。

功效：滋阴补肾，清退虚热。

产后第14天 一日食谱计划

餐次	餐谱	材料
早餐	桑葚紫米粥	桑葚20克，紫米50克
	红枣枸杞蒸蛋	鸡蛋50克，枸杞子5克，红枣3克
	拌三丝	胡萝卜30克，马铃薯30克，黄瓜40克
	山东煎饼	小麦粉30克，结球生菜10克
早加餐	葡萄干	葡萄干10克
	黑芝麻糊	黑芝麻20克，黑米10克，糯米10克
午餐	排骨黄豆汤	黄豆20克，猪小排100克
	竹荪炖鲫鱼	竹荪10克，鲫鱼100克
	荷塘小炒	山药15克，藕15克，西蓝花30克，胡萝卜15克，木耳10克，荷兰豆10克
	鸡肉虾仁炒面	鸡肉50克，虾仁30克，洋葱15克，面条100克
高热量	红枣糕	玉米粉10克，红枣10克，小麦粉40克，鸡蛋1个，牛奶20毫升，红糖3克
午加餐	红蛇果	红蛇果100克
晚餐	黄花菜汤	鲜黄花菜100克，芡实50克
	鱼香肉丝	猪肉100克，甜椒20克
	白菜炖牡蛎	白菜100克，牡蛎肉20克
	山药二米饭	山药30克，粳米40克，小米10克
晚加餐	牛奶	牛奶300毫升

明星食材——黑芝麻

黑芝麻性平，味甘，归肝、肾经，具有补益精血、润燥滑肠的功效。

产后为什么要吃黑芝麻

产后补铁补钙：黑芝麻的含铁量为各种食物之首，是同量菠菜所含铁的三倍。黑芝麻的含钙量比蔬菜和豆类都高，仅次于虾皮。

增加乳汁分泌：黑芝麻含油量超过50%，其中人体必需的不饱和脂肪酸含量超过40%，具有增加乳汁分泌的作用。

产后肌肤滋润：黑芝麻所含有的不饱和脂肪酸中的亚油酸是理想的肌肤美容剂，有"美肌酸"之称；黑芝麻中含有的维生素E对皮肤中的胶原纤维和弹力纤维有"滋润"作用，从而改善、维护皮肤的弹性与光泽。

怎么吃

芝麻是一种坚果类过敏原，其致敏性排在鸡蛋、牛奶之后。建议如有宝宝便稀腹胀等，妈妈可以先暂停食用。

黑芝麻的黄金搭档

黑芝麻碎

黑芝麻、核桃仁、松子仁各15克，共捣烂，加蜂蜜调服，每日1次，清晨空腹食用。可用于改善肠燥、便秘。

黑芝麻丸

熟黑芝麻、蜂蜜各120克，蜂蜜小火熬熟入黑芝麻粉，揉搓成9克丸。可用于产后便秘。

自制芝麻核桃糖

取红糖500克，锅内加少量水，小火煎熬红糖至较稠后，加入炒熟的黑芝麻和核桃仁各300克，搅拌均匀后将糖倒入平盘中，冷却后用刀切成小块，每日食用25克。可用于改善产后虚弱、神经衰弱、健忘、须发早白及脱发等。

功效食谱做法

桑葚紫米粥

原料：桑葚20克，紫米50克。

做法：桑葚洗净，与紫米加水同煮待米熟即可。

功效：滋阴养血，补肝益肾，生津润肠。

红枣枸杞煮蛋

原料：鸡蛋50克，枸杞子5克，红枣3克。

做法：将枸杞子、红枣、鸡蛋清洗干净放入锅中，加适量清水一起炖煮，待鸡蛋煮熟，去蛋壳，将剥好皮的熟蛋放回锅中略煮片刻即可。

功效：滋阴，润燥，养血。

黑芝麻糊

原料：黑芝麻20克，黑米10克，糯米10克。

做法：黑芝麻、黑米和糯米提前泡发4小时以上，放入豆浆机里加水至刻度线，按“米糊”键煮好即可。

功效：补益肝肾，养血益精，润肠通便。

竹荪炖鲫鱼

原料：竹荪10克，鲫鱼100克。

做法：鲫鱼去鳞鳃和内脏，洗净备用；竹荪加一勺白醋清水泡发，切段备用；炒锅放油，鲫鱼煎至两面微黄，烹醋和料酒，加水没过鱼身，加入竹荪和葱姜煮开后转小火煮至汤变白色，放入盐等调味即可。

功效：补脾益胃，利水消肿。

红枣糕

原料：玉米粉40克，红枣40克，小麦粉160克，鸡蛋4个，牛奶80毫升，红糖12克。

做法：红枣去核、切碎，加入牛奶搅拌，放于锅上小火加热，炒至牛奶吸收；加入红糖，炒至红糖溶化；倒入无水无油的大碗中，凉凉；加入鸡蛋，打蛋器高速打发5~10分钟，体积为原来的3倍大；加入面粉上下翻拌成糊。将和好的面糊倒入蒸糕专用盘，烤箱150℃烤约25分钟即可。装盘分为4份，产妇可取一份食用。

功效：补中益气，养血安神。

白菜炖牡蛎

原料：白菜100克，牡蛎肉20克。

做法：牡蛎肉洗净备用；白菜切片备用；热锅下油，葱姜爆锅，加水放入白菜、牡蛎肉煮熟，加入盐等调味即可。

功效：重镇安神，软坚散结。

黄花菜汤

原料：新鲜黄花菜100克，芡实50克。

做法：新鲜黄花菜开水浸泡3分钟沥干备用；芡实提前泡4小时以上，加水煮30分钟；锅内热油，放入焯过的黄花菜略炒，倒入芡实，加盐加水炖煮熟烂成汤即可。

功效：散瘀、消肿、健脾。

第三周

（第15~21天）暖中焦，开胃健脾

产后第15天 一日食谱计划

餐次	餐谱	材料
早餐	赤豆薏仁粥	赤小豆5克，薏苡仁5克，糯米15克
	肉末山药羹	竹笋10克，山药10克，猪瘦肉10克，火腿10克
	枸杞鲜菠菜	菠菜100克，枸杞子3克
	三丁包	鸡胸脯肉20克，冬笋20克，胡萝卜20克，小麦粉40克
早加餐	葵花籽仁	葵花籽仁10克
	红糖姜雪梨	雪梨75克，生姜10克，红糖10克
午餐	山药玉米胡萝卜竹荪汤	山药30克，玉米30克，胡萝卜30克，竹荪10克
	沙参玉竹老鸭煲	老鸭100克，玉竹10克，北沙参10克
	百花齐放	花椰菜50克，西蓝花50克，彩椒40克
	五彩米饭	玉米粒20克，毛豆5克，粳米50克，糯米30克
高热量	粗粮汇	玉米40克，南瓜30克，花生10克
午加餐	红肖梨	红肖梨100克
晚餐	当归生姜羊肉汤	羊肉100克，当归10克，生姜10克
	木瓜炖黄颡鱼	木瓜50克，黄颡鱼100克
	百合炒芦笋	鲜百合30克，芦笋100克
	什锦汤面	榨菜10克，鸡蛋30克，猪肉20克，香菇15克，金针菇15克，挂面20克
晚加餐	牛奶	牛奶300毫升

明星食材——当归

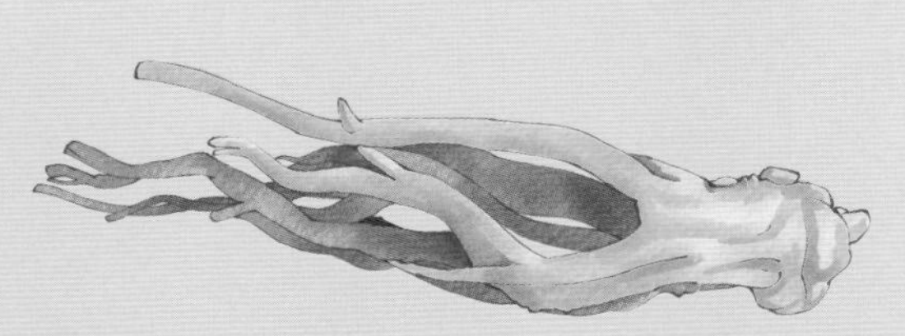

当归味甘、辛，性温，归肝、心、脾经，具有补血、活血、止痛、润肠的功效。

产后为什么要吃当归

产后恢复：传统医学认为，当归味甘而重，故专能补血，其气轻而辛，故又能行血，补中有动，行中有补，为血中之要药。产后常用的著名方剂“生化汤”“四物汤”“当归生姜羊肉汤”都是以当归为主要药物。

产后通便：当归除了有养血的作用，搭配仁类食物，如麻仁、杏仁等，还有很好的润肠通便作用。

怎么吃

当归在中药煎汤中的用量一般为6~9克，大剂量可用至30克。大便不成形者，需慎用。

当归的黄金搭档

产后保健汤

当归10克，洗净用纱布包好，然后与鸡肉或猪瘦肉、酒、食盐等一起放入砂锅内，加水适量。文火煨炖，直至鸡肉或猪肉熟烂。取出药包，喝汤吃肉。适于产后补血补气，健脾胃，活血化瘀，强身壮骨。

当归红枣老鸭汤

老鸭350克斩块汆水，当归10克、红枣50克洗净，姜10克切片待用。净锅上火，放入清水1500克、老鸭、姜片、当归、红枣，大火烧开转文火炖50分钟，加盐5克、糖1克、鸡精3克、胡椒粉1克调味即成。对产后贫血、面色萎黄、乏力盗汗等有一定的食疗作用，还同时补充了蛋白质、磷、钙、多种维生素和微量元素等。

功效食谱做法

赤豆薏仁粥

原料：赤小豆5克，薏苡仁5克，糯米15克。

做法：赤小豆、薏苡仁浸泡2小时后和糯米一起放入锅中，加水熬煮，小火熬煮2小时即可。

功效：利水渗湿，消肿排脓。

肉末山药羹

原料：竹笋10克，山药10克，猪瘦肉10克，火腿10克。

做法：山药去皮蒸熟制成泥；猪瘦肉、火腿、竹笋切丁备用；热锅下油葱姜爆香，放入猪瘦肉翻炒，变色后加入火腿、竹笋翻炒，加入适量水和山药泥搅拌，待熟后加入盐等调味料即可。

功效：补脾益胃，生津养肺。

枸杞鲜菠菜

原料：菠菜100克，枸杞子3克。

做法：枸杞子洗净泡发；菠菜择洗干净，切段，入沸水中焯烫一下捞出沥干；菠菜和枸杞子加入盐等调味料拌匀即可。

功效：养血，平肝，润燥。

沙参玉竹老鸭煲

原料：老鸭500克，玉竹50克，北沙参50克。

做法：将鸭宰杀去毛，去内脏；玉竹及北沙参拣净杂质，洗净备用。将老鸭、玉竹、北沙参同放入煲内，加清水、姜、花椒、黄酒、盐适量，用小火炖2小时即可。产妇可取100克鸭肉食用。

功效：滋阴清热、润肠通便。

红糖姜雪梨

原料：雪梨75克，生姜10克，红糖10克。

做法：雪梨洗净去皮切块；锅中加水，放入雪梨、姜片和红糖，大火煮开后，小火煮30分钟即可。

功效：止咳化痰，清热降火。

当归生姜羊肉汤

原料：羊肉100克，当归10克，生姜10克。

做法：羊肉去骨，剔去筋膜，入沸水锅内焯去血水，捞出凉凉，切成5厘米长、2厘米宽、1厘米厚的条；砂锅内放清水，下入羊肉，放当归、生姜，武火烧沸，去浮沫，文火炖1.5小时至羊肉熟烂。食肉饮汤。

功效：补虚温中散寒，适用于产后腹中冷痛，或虚寒痛经。

木瓜炖黄颡鱼

原料：木瓜50克，黄颡鱼（别名黄辣丁）100克。

做法：黄颡鱼清除鳃、内脏及污物，洗净后开水汆烫，去黏液沥干水分备用；木瓜去皮去瓤，切块备用；锅内热油，放入黄颡鱼煎至微黄，倒入高汤煮开，下木瓜和葱姜酒等调料，煮开后小火炖20分钟，加入盐等调味即可。

功效：利水、消肿。

产后第16天 一日食谱计划

餐次	餐谱	材料
早餐	桂圆粥	桂圆3克，粳米20克，红糖5克
	醋熘山药	山药50克，胡萝卜30克，水发木耳20克
	中式营养沙拉	扁豆5克，鲜百合15克，莴笋20克，胡萝卜20克，鸡蛋50克
	肉龙	小麦粉30克，猪肉20克
早加餐	紫薯银耳白果羹	白果15克，银耳5克，紫薯15克
	紫苏苹果汁	苹果50克，紫苏叶2克
午餐	枸杞鲫鱼汤	鲫鱼100克，枸杞子10克
	荷香蒸滑鸡	鸡肉100克，荷叶30克
	炒豌豆苗	豌豆苗150克
	黄金虾仁炒饭	虾仁15克，米饭40克，胡萝卜15克，黄瓜15克，火腿15克，鸡蛋15克
高热量	芝麻糖饼	芝麻5克，红糖10克，小麦粉25克
午加餐	蜜桃	蜜桃100克
晚餐	豆干百花汤	豆干30克，香菇15克，蘑菇15克，紫菜10克，小白菜30克
	丝瓜炒牛肉	牛肉100克，丝瓜100克
	香菇干贝烩豆腐	豆腐25克，香菇25克，干贝10克
	银鱼疙瘩	银鱼20克，小麦粉40克
晚加餐	牛奶	牛奶300毫升

明星食材——紫苏叶

紫苏味辛，性温，归肺、脾经，具有发表散寒、行气宽中、解鱼蟹毒的功效。

产后为什么要吃紫苏叶

产后行气调气、改善脾胃功能：紫苏叶有特殊的芳香气味，不仅可以用于风寒型感冒的预防和治疗，对于产后胸闷气滞有很好的改善作用，还可用于改善食鱼蟹引起的腹痛、吐泻等症。

产后恢复，提高抵抗力：实验发现，紫苏叶中分离出的紫苏醛具有镇静活性；紫苏叶中提取的黄酮类化合物具有抗菌作用，对于产后身体恢复、提高抵抗力具有很好的作用。

怎么吃

家庭使用不建议用整棵紫苏，根据配餐选用合适部位，一般多用紫苏叶。

紫苏叶的黄金搭档

紫苏生姜红枣汤

鲜紫苏叶10克(切丝)，生姜3片，红枣10枚。一同放入砂锅内，加水大火煮沸，后用小火煮30分钟即成。此汤具有行气消食、祛瘀补血的作用，是适宜产后恢复的良好饮汤。

紫苏老鸭汤

老鸭半只(切块)，鲜紫苏叶15克，老姜10克，白萝卜适量(切块)。先用少量油爆炒鸭块，待鸭肉收紧后，倒入半瓶啤酒，以去腥味。煮沸后改放高压锅内，加入老姜，加水煮20分钟，打开高压锅，放入紫苏叶、白萝卜，调味后再煮10分钟即可，紫苏不可以久煎。此汤对产后滋补、行气排汗最为适宜。

苏叶陈皮粥

鲜紫苏叶15克，陈皮15克，粳米60克。先将粳米煮粥，待熟时加入紫苏叶、陈皮，盖紧锅盖焖5～10分钟即可。此粥有开胃健脾作用，用于产后脾胃虚弱者，有增进饮食、帮助消化、预防感冒的功效。

功效食谱做法

桂圆粥

原料：桂圆3克，粳米20克，红糖5克。

做法：桂圆去皮，加入粳米和水一同煮30分钟，待熟后加入红糖。

功效：补益心脾，养血安神。

醋熘山药

原料：山药50克，胡萝卜30克，水发木耳20克。

做法：山药去皮洗净切片，胡萝卜洗净切片，木耳撕成小朵备用；炒锅热油，放入葱姜爆香，放入山药、胡萝卜和木耳翻炒，放入兑好的调料汁翻炒至山药变色即可。

功效：补肾益气，健脾开胃。

紫薯银耳白果羹

原料：白果15克，银耳5克，紫薯15克。

做法：银耳洗净泡发，紫薯洗净切丁；白果、银耳加水放入锅中，中火煮开转小火慢煲30分钟，加入紫薯，中火煮开再次转小火煮30分钟。

功效：敛肺定喘。

紫苏苹果汁

原料：苹果50克，紫苏叶2克。

做法：紫苏叶用小火煮20分钟至汁水浓郁后倒入碗中；苹果切块放入榨汁杯中榨汁，倒入紫苏叶汁中，可加蜂蜜调味。

功效：解表散寒，行气和中。

芝麻糖饼

原料：芝麻20克，红糖40克，小麦粉100克。

做法：面粉加水揉成团，分为4份，包入红糖馅做成小包子形状，然后轻轻压扁，刷鸡蛋液，撒上芝麻入烤箱200℃烤15分钟变成金黄色即可。产妇可取1个食用。

功效：补脾暖肝。

枸杞鲫鱼汤

原料：鲫鱼100克，枸杞子10克。

做法：鲫鱼洗净去内脏及污物，放入烧热的油锅内煎至微黄，烹入醋和料酒，加适量水煮开，放入枸杞子、葱、姜焖烧10分钟，放入盐等调味即可。

功效：补脾益胃，利水消肿，滋阴增乳。

荷香蒸滑鸡

原料：鸡肉100克，荷叶30克。

做法：鸡肉洗净切块，沸水汆烫去血水，鸡肉里加黄酒、蚝油、面酱、酱油、姜丝抓匀，腌制10分钟，放入荷叶里铺平包好，放入锅中，大火蒸20分钟取出，在表面点香油，撒上葱花即可。

功效：温中益气，补精填髓。

产后第17天 一日食谱计划

餐次	餐谱	材料
早餐	芡实粥	芡实15克，粳米30克
	猪肝柠檬丝瓜	猪肝50克，柠檬10克，丝瓜100克
	开胃小凉菜	圆生菜30克，胡萝卜30克，黄瓜40克
	豆沙花卷	红豆沙15克，小麦粉30克
早加餐	腰果碎	腰果10克
	椰汁水果捞	杏仁椰汁饮料50克，苹果20克，芒果30克
午餐	黄豆莲藕排骨汤	猪小排75克，黄豆10克，莲藕30克
	山药枸杞炖牛肉	牛肉100克，枸杞子5克，山药20克
	素炒四宝	胡萝卜50克，芦笋50克，山药25克，南瓜25克
	糙米饭	粳米75克，芡实25克
高热量	玉米饼	玉米粉40克
午加餐	木瓜	木瓜100克
晚餐	银屏鹑蛋汤	鹌鹑蛋30克，水发香菇10克，黄豆芽20克，火腿15克，豌豆苗15克
	红烧带鱼	带鱼100克
	彩椒炒茭白	茭白70克，彩椒30克
	火腿豆腐包	火腿15克，豆腐30克，小麦粉40克
晚加餐	牛奶	牛奶300毫升

明星食材——

芡实味甘、涩，性平，归脾、肾经，具有补脾祛湿、益肾固精的功效。

产后为什么要吃芡实

为产后恢复提供能量：芡实的主要成分为碳水化合物。这些碳水化合物多数可被人体消化吸收，是比较理想的能量和膳食纤维来源。

富含矿物质和维生素：芡实富含矿物质，特别是铁和磷的含量较高。芡实维生素C的含量可与某些蔬菜相媲美，此外β-胡萝卜素、B族维生素和维生素E含量也相当丰富。而且，芡实所含的多种人体必需氨基酸可参与多种酶和激素的合成，对人体免疫调节和骨骼生长有促进作用。

芡实的黄金搭档

芡实粉粥

芡实粉60克，粳米100 克。先将粳米煮成稀粥，再将芡实粉加水调成糊状，加入粳米粥中，搅拌煮沸二三次即成。若加茯苓效果会更好。服用芡实粉粥时可加适量白糖调味。此药膳适合兼补脾肾。

芡淮牛肉汤

芡实、山药各50克，红枣10枚，牛肉120克，煎汤佐膳。有健脾、固肾、补血之功。

莲实美容羹

莲子30克，芡实30克，薏苡仁50克，龙眼肉10克，蜂蜜适量，先将莲子、芡实、薏苡仁用清水浸泡30分钟，再将龙眼肉一同放入锅内，用文火煮至烂熟加蜂蜜调味食用。龙眼肉大补元气，莲子补脾养胃，薏苡仁、芡实为健脾利水之品。

功效食谱做法

芡实粥

原料：芡实15克，粳米30克。

做法：芡实和粳米浸泡2小时，中火煮开转小火煮30分钟即可。

功效：补中益气，止泻。

猪肝柠檬丝瓜

原料：猪肝50克，柠檬10克，丝瓜100克。

做法：猪肝洗净剔除表面白色筋膜，放入沸水中氽烫一下，用冷水冲净，切片沥干，用姜丝、细盐、料酒腌制10分钟备用；锅内热油，放入猪肝翻炒，加蒜和盐等调料出锅；丝瓜去皮切成条，入锅中焯熟取出，加入猪肝、柠檬挤汁，加盐等调料拌匀即可。

功效：养肝明目，补脾增乳。

豆沙花卷

原料：红豆沙15克，小麦粉30克。

做法：面粉和酵母和成面团发酵待用，用擀面杖擀成2个大圆面片，取一个大圆面片刷上红豆沙，把另一个大圆面片盖上，用刀切成条，卷成卷子，入锅蒸20分钟即可。

功效：利水、消肿、养胃。

黄豆莲藕排骨汤

原料：猪小排75克，黄豆10克，莲藕30克。

做法：排骨洗净切段，氽烫沥水；莲藕去皮洗净切块；黄豆提前浸泡 5 小时；热锅入油五成热，放入排骨翻炒，放入料酒、生抽、高汤、黄豆、藕块等炖煮 1 小时，待熟后加入盐等调味料即可。

功效：清热生津、凉血、止血。

山药枸杞炖牛肉

原料：牛肉100克，枸杞子5克，山药20克。

做法：将山药洗净切片、枸杞子洗净，放入炖盅；将牛肉放入沸水中氽烫3分钟切片备用；热锅下油，放入牛肉爆炒，烹姜汁、料酒，炒匀后放入炖盅内，加调味料，葱姜放在上面，加盖中火炖约2小时至软烂即可。

功效：补脾胃，养气血，强筋骨。

银屏鹑蛋汤

原料：鹌鹑蛋30克，水发香菇10克，黄豆芽20克，火腿15克，豌豆苗15克。

做法：香菇切丁，火腿切丁；鹌鹑蛋磕入小酒杯中，撒上火腿丁，上蒸笼大火蒸15分钟至熟取出；取大瓷碗用豌豆苗铺底，把鹌鹑蛋从酒杯内取出，切块放在上面；另取炒锅，倒入高汤，放入水发香菇、黄豆芽、盐等煮沸，水淀粉勾芡，起锅浇在鹌鹑蛋上即可。

功效：补中益气、健脑。

彩椒炒茭白

原料：茭白70克，彩椒30克。

做法：茭白洗净去皮，彩椒洗净，均切丝，炒锅热油，放入茭白和彩椒翻炒，加入盐等调味料即可。

功效：解热毒，除烦渴，利二便。

产后第18天 一日食谱计划

餐次	餐谱	材料
早餐	莲子葡萄干粥	莲子10克，葡萄干10克，粳米30克
	拌花菜	白菜40克，白萝卜30克，乳黄瓜40克
	拌豆干芹菜	豆腐干30克，芹菜50克，胡萝卜30克
	西葫芦鸡蛋饼	小麦粉30克，西葫芦30克，鸡蛋30克
早加餐	山楂糕	山楂15克，白凉粉50克，白糖10克
	枸杞银耳羹	银耳10克，枸杞子10克
午餐	菇笋豆腐汤	香菇30克，竹笋30克，豆腐30克，丝瓜30克，番茄30克，猪肉20克
	红烧山药鸡块	鸡胸肉80克，山药50克
	白灼芥蓝	芥蓝100克
	黑米饭	黑米100克
高热量	枣泥发糕	红枣15克，小麦粉30克
午加餐	桑葚果拼	桑葚20克，草莓50克，奇异果30克
晚餐	草菇牡蛎紫菜汤	牡蛎肉50克，紫菜2克，草菇30克
	莴笋胡萝卜	莴笋80克，胡萝卜40克
	鸡汤烩西蓝花	西蓝花70克，鸡肉50克
	茯苓土豆饼	茯苓30克，土豆30克，小麦粉20克
晚加餐	牛奶	牛奶300毫升

明星食材——莲子

莲子味甘、涩，性平，归脾、肾、心经，具有补脾止泻、益肾固精、养心安神的功效。

产后为什么要吃莲子

产后抗衰：莲子是一种富含酚类与糖蛋白的食物，具有抗氧化与抗衰老的作用。

抗菌消炎和增强抵抗力：莲子多酚是植物体内复杂酚类的次级代谢产物，对微生物有较强的抑制作用。莲子多糖具有广泛的生物活性，并具有较好的增强免疫效果。

莲子的黄金搭档

莲子+红枣

取红枣30克，莲子50克，洗净后沥干水，加冰糖15克，小火蒸30分钟即可。具有补脾养血、养心安神的功效。

莲子+枸杞子

取新鲜莲子100克洗净，加清水煮40分钟，加入25克洗净的枸杞子稍煮即可。可补中明目，延年抗衰。

山药芝麻莲子羹

取山药30克，莲子、黑芝麻各15克，白糖20克。将山药、黑芝麻、莲子（已泡发）与白糖拌匀， 放入沸水锅内不断搅拌， 煮5~8分钟即成。有益血运脾、滋补肝肾的功效，适用于产后体虚。

莲子薏米粥

莲子10克，薏苡仁20克，大米50克，先将莲子、薏苡仁浸泡2小时，加入大米，用小火熬煮成为熟烂黏稠的粥，每日晚餐食用。有健脾益胃止泻的功效。

功效食谱做法

莲子葡萄干粥

原料：莲子10克，葡萄干10克，粳米30克。

做法：莲子提前浸泡2小时；葡萄干和粳米淘洗干净，全部材料入锅中，加水旺火煮开后改文火，煮至莲子熟烂即可。

功效：补脾益肾，养心安神。

山楂糕

原料：山楂15克，白凉粉50克，白糖10克。

做法：山楂洗净，去核去柄，倒入锅中，加水没过山楂，大火煮至软烂，晾凉。白凉粉加清水100克调匀备用。煮好的山楂连汤汁一起倒入料理机，打成山楂酱。将山楂酱倒入锅中，加入适量清水、10克白糖，开大火不停搅动，让山楂和水充分融合。倒入调好的白凉粉，边倒边搅拌，等到再次沸腾后关火，倒入耐高温的玻璃容器中，常温晾凉后脱模，切成自己喜欢的形状。

功效：消食健胃，行气散瘀。

枸杞银耳羹

原料：银耳10克，枸杞子10克。

做法：银耳泡发，枸杞子洗净，加水煮沸后改小火煮1小时即可。

功效：滋补肝肾，明目，润肺。

桑葚果拼

原料：桑葚20克，草莓50克，奇异果30克。

做法：草莓洗净切片，奇异果去皮切片，桑葚洗净，摆盘。

功效：补益肝肾、滋阴生津。

红烧山药鸡块

原料：鸡胸肉80克，山药50克。

做法：山药去皮切滚刀块，鸡肉洗净切块汆烫一下，锅中热油，下葱姜爆香，下入鸡块翻炒加酱油，翻炒后再加入山药块，翻炒均匀，加水盖盖焖烧至鸡肉和山药熟透，加盐调味即可。

功效：补脾养胃，生津益肺。

草菇牡蛎紫菜汤

原料：牡蛎肉50克，紫菜2克，草菇30克。

做法：草菇洗净切片；锅内加水煮沸，倒入草菇、姜片煮20分钟，加入牡蛎肉、紫菜煮熟，加香油、盐等调味即可。

功效：通乳散结，安神补血。

茯苓土豆饼

原料：茯苓30克，土豆30克，小麦粉20克。

做法：茯苓打粉；土豆蒸熟去皮制成泥，加入茯苓粉和面粉加水和匀，做成圆饼；平底锅放油，圆饼平铺，煎成两面金黄色即可。

功效：利水渗湿，健脾安神。

产后第19天 一日食谱计划

餐次	餐谱	材料
早餐	杞枣核桃鸡蛋羹	核桃仁15克，鸡蛋50克，红枣5克，枸杞子10克
	凉拌牛蒡	牛蒡100克
	上海豆腐脑	豆腐50克，海米10克
	油条	小麦粉50克
早加餐	蜜赤豆	赤小豆15克，蜂蜜5克
	燕麦酸奶	燕麦25克，酸奶100克
午餐	胡萝卜猪肝汤	猪肝50克，胡萝卜50克
	丁香鸭	丁香5克，肉桂5克，草豆蔻5克，鸭子200克
	炒素五丁	胡萝卜50克，竹笋50克，方干20克，香菇20克，莴笋50克
	杂豆饭	红白芸豆各10克，鹰嘴豆10克，赤小豆10克，黑豆10克，香米70克
高热量	百合二芋饼	百合20克，番薯20克，魔芋20克，萝卜20克，南瓜20克，大枣10克
午加餐	芦柑	芦柑80克
晚餐	红枣南瓜汤	南瓜50克，红枣5克
	杏仁拌三丁	甜杏仁50克，西芹100 克，黄瓜80克 ，胡萝卜20 克
	牡蛎炒韭菜	牡蛎肉200克，韭菜100克
	青菜鸡蛋面	挂面40克，小白菜20克，白萝卜20克，胡萝卜20克，鸡蛋1个
晚加餐	牛奶	牛奶300毫升

明星食材——

丁香味辛，性温，归脾、胃、肾经，具有温中降逆、温肾助阳的功效。

产后为什么要吃丁香

抗菌消炎作用：丁香属植物的花蕾入药，主要用于抗菌消炎、抗病毒。

温胃健胃作用：丁香还是一味很好的温胃药，对由寒邪引起的胃痛、呕吐、呃逆、腹痛、泄泻等，均有良好的疗效。

丁香的黄金搭档

丁香梨

丁香15粒，冰糖20克，大雪梨1个。雪梨去皮，用竹签在梨上扎15个小孔洞，每个洞内放1粒丁香子，上笼蒸熟。冰糖加水煮化后，浇在梨上，即为甜酥美味的“丁香梨”。产后食用，可以平衡梨子的寒凉之性，润肺和胃。

丁香陈皮汤

丁香5粒，陈皮3克，蜂蜜适量。先用温水浸泡丁香、陈皮，以浸透为度，大火煮沸后，改成小火煮15分钟，倒入杯中，加入蜂蜜调匀即可。产后食用可暖脾胃、补气虚，对于经常胃部寒凉、身体乏力的女性产后有很好的调理作用。

丁香茶

母丁香1~2粒，擂碎入杯，开水冲泡，代茶饮。对产后情绪不佳、气机不畅的产妇有很好的理气作用。

功效食谱做法

枸杞枣核桃鸡蛋羹

原料：核桃仁15克，鸡蛋50克，红枣5克，枸杞子10克。

做法：将核桃仁微炒去皮，红枣去核切碎，放入瓷盆中；放入枸杞子，再加少许水，隔水炖半小时后打入鸡蛋，蒸为羹。

功效：益肾补肝、养血明目。

凉拌牛蒡

原料：牛蒡100克。

做法：牛蒡去皮，洗净切丝，放入滚水中烫熟，捞出沥干，放凉后，加白糖、白醋搅拌均匀，再放入黑芝麻和白芝麻略拌一下，食用时淋上少许香油即可。

功效：散风清热，透表利咽，降压、减肥、美容、防癌。

蜜赤豆

原料：赤小豆15克，蜂蜜5克。

做法：赤小豆洗净，加盐和水浸泡12小时以上；浸泡好的豆子煮开，去浮沫，上锅蒸30分钟，加蜂蜜浸泡12小时入味即可。

功效：利水消肿，清热解毒，消肿排脓。

百合二芋饼

原料：百合20克，番薯20克，魔芋20克，萝卜20克，南瓜20克，大枣10克。

做法：百合、番薯、魔芋、南瓜打成酱，萝卜切丝，大枣去核蒸熟至泥，各原料混合加水搅拌后做饼，烙热或蒸熟即可食用。

功效：解毒通便、补中益气。

丁香鸭

原料：丁香5克，肉桂5克，草豆蔻5克，鸭子200克。

做法：将鸭肉洗净汆烫备用；将丁香、肉桂、草豆蔻用水煎两次，取汁。将净鸭与葱姜同放锅中，加水武火烧沸后转用文火煮至六成熟时捞出晾凉；再将鸭子放入锅中，加入丁香、肉桂、草豆蔻煎汁用文火煮肉熟后捞出；该锅内留卤汁加盐、冰糖，文火烧至糖化，再放入鸭子，将鸭子一面滚动，一面用勺浇卤汁至鸭色呈红亮时捞出，再均匀地涂上麻油即成。

功效：温中和胃，暖肾助阳。

杏仁拌三丁

原料：甜杏仁50克，西芹100克，黄瓜80克，胡萝卜20克。

做法：杏仁去皮、尖，西芹、黄瓜、胡萝卜洗净切丁；杏仁、西芹、胡萝卜入沸水焯一下，捞出晾凉；加入黄瓜丁、盐、香油拌匀即可。

功效：降压、清热解毒、止咳平喘、润肠通便。

牡蛎炒韭菜

原料：牡蛎肉200克，韭菜100克。

做法：韭菜洗净切段；锅内热少许油，放入蒜末炒香，倒入牡蛎，将牡蛎体内的蚝汁翻炒出来，澄出牡蛎汁。锅内再倒入少许油放入韭菜翻炒后倒入牡蛎肉，加盐，翻炒后出锅。

功效：补肾安神，去烦热，壮筋骨，延年益寿。

产后第20天 一日食谱计划

餐次	餐谱	材料
早餐	牛蒡粥	粳米50克，牛蒡根30克，栗子5颗
	陈皮煎鸡蛋	陈皮6克，鸡蛋60克
	芹菜炒百合	芹菜100克，百合10克
	野菜团	玉米粉20克，小麦粉15克，马齿苋30克
早加餐	阿胶枣	大枣10枚，阿胶6克
	杏仁奶露	杏仁10克，牛奶100克
午餐	黄精乌鸡汤	黄精20克，乌骨鸡100克
	山药排骨	山药80克，排骨50克
	凉拌佛手	佛手50克，黄瓜50克，胡萝卜50克
	咖喱饭	咖喱15克，香米100克
高热量	健胃益气糕	茯苓10克，芡实10克，山药30克，莲子20克
午加餐	哈密瓜	哈密瓜100克
晚餐	增乳牡蛎汤	牡蛎肉50克，丝瓜100克，香菇（水发）20克
	木瓜炖鲫鱼	木瓜100克，鲫鱼100克
	木耳豆腐奶白菜	豆腐50克，木耳20克，奶白菜100克
	扁豆焖面	扁豆50克，猪肉15克，面条40克
晚加餐	牛奶	牛奶300毫升

明星食材——佛手

佛手味辛、苦，性温，归肝、脾、胃、肺经，具有补脾止泻、益肾固精、养心安神的功效。

产后为什么要吃佛手

佛手可明显增加血清催乳素含量，催乳素是多功能激素，与泌乳有关系，对泌乳的发动和维持有重要意义。

怎么吃

佛手粥

材料：佛手10克，大米100克，白糖15克。

做法：将佛手择净，放入药罐中，浸泡5～10分钟后，水煎取汁，加大米煮粥，待熟时调入白糖，再煮一二沸即成，每日1～2剂。

功效：疏肝理气，燥湿化痰。适用于肝郁气滞所致的胃脘疼痛，纳差食少，咳嗽痰多，胸闷等。

瓜络佛手猪肝

材料：猪肝150克，丝瓜络20克，合欢花、菠菜叶各10克，佛手、菊花、橘皮各6克，调味品适量。

做法：将猪肝洗净切片，余药加沸水浸泡1小时后去渣取汁，纳入肝片、食盐、味精、料酒少许，蒸熟，将猪肝取出加芝麻油少许调味服食，每日1剂。

功效：疏肝通络，解郁理气。适用于女子痛经，产后腹痛，帮助排恶露。

竹笋佛手消斑羹

材料：竹笋、佛手、生姜各适量。

做法：将竹笋切片，与佛手、生姜用水煮透，加盐适量调匀，在锅内冷腌24小时后即可服用，连续1～2个月。

功效：化痰消斑，可改善或消除妇女面部黄褐斑。

功效食谱做法

黄精乌鸡汤

原料：黄精20克，乌骨鸡100克。

做法：乌鸡洗净，去毛，去内脏，剁成小块；瓦煲加入清水，用猛火煲至水滚，后放入全部材料，改用中火继续煲3小时，加少许盐调味即可。

功效：滋补肝血，乌须黑发，明目养颜，适用于体倦无力、筋骨软弱、风湿疼痛等症。

陈皮煎鸡蛋

原料：陈皮6克，鸡蛋60克。

做法：陈皮放入烤箱内烤脆，研末；鸡蛋打散搅匀，加入陈皮末及少许姜末、葱花、盐，拌匀，然后将此鸡蛋液倒入热油锅内煎熟，佐餐食用。

功效：理气养胃，适用于胃脘作胀、胃部遇冷疼痛者。

阿胶枣

原料：大枣10枚，阿胶6克。

做法：取大枣10枚置锅内，加水适量煮熟，加入捣碎的阿胶6克，饮汤食枣。

功效：养血健脾。

杏仁奶露

原料：杏仁10克，牛奶100克。

做法：杏仁提前加水泡好，用豆浆机打成杏仁浆，加入牛奶再煮沸即可，可根据口味加糖或蜂蜜。

功效：降气平喘，润肠通便。

牛蒡粥

原料：粳米50克，牛蒡根30克，栗子5颗。

做法：将牛蒡根切块，与栗子肉、粳米共煮50分钟，熟烂即可。

功效：宣肺清热，利咽散结。

凉拌佛手

原料：佛手50克，黄瓜50克，胡萝卜50克。

做法：将佛手、黄瓜、胡萝卜洗净，切丝，放入香醋、盐、糖和芝麻油，拌匀后即可食用。

功效：健脾利湿。

增乳牡蛎汤

原料：牡蛎肉50克，丝瓜100克，香菇（水发）20克。

做法：牡蛎肉洗净，丝瓜切片，香菇洗净切碎；将锅置旺火上，倒油至七成热时，入牡蛎肉翻炒数下，再倒入丝瓜翻炒，加适量水，放入生姜丝、香菇末、盐，煮沸后，改小火再煮20分钟，放胡椒粉调味即可食用。

功效：增乳补虚。

产后第21天 一日食谱计划

餐次	餐谱	材料
早餐	芡实茯苓粥	芡实9克，茯苓6克，粳米50克
	拌土豆丝	土豆100克，胡萝卜15克
	益母草煎蛋	益母草80克，鸡蛋50克
	黑芝麻糖包	小麦粉55克，黑芝麻5克，红糖10克
早加餐	小熊抱杏仁	小麦粉10克，杏仁5克
	百合牛奶	鲜百合50克，牛奶200毫升
午餐	牛蒡煲猪骨	猪排60克，牛蒡30克，胡萝卜30克
	白果鸡丁	鸡胸100克，白果30克
	桔梗炒杂菜	桔梗50克，竹笋20克，胡萝卜20克，绿豆芽20克，香菇20克
	什锦炒饭	香米80克，鸡蛋30克，西蓝花20克，荷兰豆10克
高热量	窝头	玉米粉30克，小麦粉25克
午加餐	香梨	香梨200克
晚餐	猪腰黄精杞子汤	猪腰100克，黄精15克，枸杞子15克
	丝瓜炒虾仁	海虾20克，丝瓜100克
	山药酿苦瓜	山药40克，苦瓜100克
	酸汤水饺	小麦粉40克，猪肉20克，韭菜50克
晚加餐	牛奶	牛奶300毫升

明星食材——

百合味甘，性微寒，归肺、心经，具有润肺止咳、清心安神的功效。

产后为什么要吃百合

改善产后皮肤状态：百合中的硒、铜等微量元素能抗氧化，促进维生素C的吸收，属于天然功能性蔬菜。同时百合所含的钾能润泽肌肤，使皮肤变得细嫩。

产后滋补：百合富含蛋白质、脂肪、多种维生素等营养物质和生物碱等有良好的营养滋补之功， 特别是对病后体弱、神经衰弱等症大有裨益。

怎么吃

百合魔芋蒲公英粥

原料：鲜百合或泡开百合50克，魔芋粉50克，水发银耳30克，枸杞子20克，鲜蒲公英50克，粳米50克。

做法：原料洗净入锅加水2500毫升，煮开，慢火煮烂即可食用。

功效：清热解毒、消肿散结、通乳。

百合银耳枸杞汤

原料：鲜百合或泡开百合50克，水发银耳50克，山楂20克，枸杞子20克，蜂蜜50克，薏苡仁50克，鲜黄精50克。

做法：原料洗净切碎后一起入锅加水3000毫升以上，急火煮开，再用慢火直至煮烂即可出锅食用。

功效：止咳润肺、润肤养颜、抗氧化、抗衰老、抗疲劳、改善睡眠、增强免疫力。

百合香菇鸡

原料：鲜百合或泡开百合100克，泡开香菇100克，鲜山楂30克，枸杞子20克，童子鸡500克，牛奶100毫升，黄酒100毫升，鲜党参50克，盐、葱、姜末各适量。

做法：将原料入砂锅加水2000毫升，烧开后慢火将鸡煮烂即可食用。

功效：补中益气、和胃除烦、宁心安神、镇静。

功效食谱做法

芡实茯苓粥

原料：芡实9克，茯苓6克，粳米50克。

做法：芡实和茯苓捣碎，加水适量，煮至软烂时，再加入粳米，煮烂成粥。

功效：补脾祛湿，固肾止泻，适用于肾气虚所致的小便不利、尿液混浊等症。

益母草煎蛋

原料：益母草80克，鸡蛋50克。

做法：益母草去根洗净切碎，倒入锅中炒至八成熟盛出备用；鸡蛋打散，倒入炒过的益母草，加入适量盐搅拌均匀；把混合好的蛋液倒入锅中，煎至金黄色熟透即可。

功效：活血调经，利水消肿，清热解毒。

百合牛奶

原料：鲜百合50克，牛奶200毫升。

做法：百合洗净蒸熟，加入牛奶，再慢火煮开即可饮用。

功效：宁心安神，改善入眠时间和睡眠质量。经常饮用可防治产后抑郁，调节神经衰弱。

猪腰黄精杞子汤

原料：猪腰100克，黄精15克，枸杞子15克。

做法：猪腰切开，割去白色脂膜部分，用清水漂去腥味，洗净，打花刀切片；把全部用料放入锅内，加清水适量，武火煮沸后，文火煲1小时，调味供用。

功效：强腰健肾。

白果鸡丁

原料：鸡胸肉100克，白果30克。

做法：白果去皮洗净晾干；鸡肉切丁放入碗中，加入一个蛋清、精盐、淀粉拌匀。炒锅烧热，入油烧至六成热时，放入鸡丁、白果炒匀，炒熟后盛出；原锅入油加葱段爆香，后加入黄酒、精盐，再倒入白果、鸡丁颠炒，用湿淀粉勾芡，再淋上麻油即成。

功效：敛肺定喘，收涩止带，缩尿。适用于妇女脾肾亏虚所致的湿浊带下、气喘、久咳、小便频数等。

山药酿苦瓜

原料：山药40克，苦瓜100克。

做法：山药煮熟，捣为泥，放少量盐；苦瓜切成段，去瓤，纳山药泥于其中；上锅蒸，苦瓜变色即可服用。

功效：去脂健脾，促进产后新陈代谢。

酸汤水饺

原料：小麦粉40克，猪肉20克，韭菜50克。

做法：提前3小时和好面，猪肉洗净切碎，韭菜切碎，包成饺子煮熟；香菜、葱花、盐、香醋、酱油少许兑成底料，用饺子汤冲开捞入饺子，放入虾皮即可。

功效：补气养血、补肾益精，用于产后气血不足、乳少等。

第四周

（第22~28天）固元气，恢复体力

产后第22天 一日食谱计划

餐次	餐谱	材料
早餐	石榴包	红豆沙15克，小麦粉40克
	牛蒡沙拉	鲜牛蒡30克，草菇15克，四季豆10克，花豆10克
	醋熘白菜	白菜100克
	陈皮瘦肉粥	粳米40克，猪瘦肉20克，陈皮10克
早加餐	鲜味莲子泥	莲子20克，南瓜20克
	紫苏姜茶	紫苏叶5克，干姜3克，绿茶3克
午餐	虫草枸杞鲍鱼汤	鲍鱼30克，虫草3克，枸杞子5克
	杜仲腰花	猪腰100克，杜仲12克，青椒2个
	丝瓜酿虾	丝瓜100克，虾9个
	燕麦饭	燕麦30克，粳米50克
高热量	黄山烧饼	小麦粉40克，梅菜干肉馅25克
午加餐	百合草莓	草莓150克，鲜百合30克
晚餐	沙参玉竹猪骨汤	猪骨100克，沙参15克，玉竹15克
	萝卜烧鱼圆	白萝卜100克，鲈鱼60克
	桃仁炒韭菜	桃仁10克，嫩韭菜150克
	螃蟹南瓜包	南瓜30克，小麦粉30克
晚加餐	牛奶	牛奶300毫升

明星食材——杜仲

杜仲味甘，性温，归肝、肾经，具有补肝肾、强筋骨、安胎的功效。

产后为什么要吃杜仲

改善产后腰痛：杜仲具有补肝肾、强筋骨的作用，在中医临床上常用来治疗腰脊酸痛、足膝痿弱等症，对于产妇常见的产后腰痛也有很好的效果。

加速产后恢复：杜仲可以消炎、利尿，治疗小便淋漓不尽、会阴部湿痒等症，改善产后因气血虚弱出现的漏尿等情况。

杜仲的黄金搭档

杜仲母鸡汤

原料：杜仲20克，姜片10克，母鸡1只。

做法：母鸡洗净清理内脏，将杜仲、姜片放入母鸡肚内文火隔水炖烂，根据口味放入调料，喝汤吃肉。

功效：帮助产后身体恢复，此药膳虽补不燥。

杜仲陈皮饮

原料：杜仲15克，陈皮、杏仁、老丝瓜各10克，白糖10克。

做法：将老丝瓜、杜仲、陈皮洗净，杏仁去皮，全部材料放入砂锅中，加水适量，用大火烧开，再改用小火煮25分钟后取汤汁，加入白糖调味即可当茶饮。

功效：补肝肾、强筋骨、健脾燥湿、通络化痰。

功效食谱做法

陈皮瘦肉粥

原料：粳米40克，猪瘦肉20克，陈皮10克。

做法：陈皮洗净，猪瘦肉切丝待用；先将粳米淘洗干净，放入锅中加入适量清水，加入上述食材，煮至肉熟粥稠，再加入盐等调味，温食。

功效：适用于脾胃气滞、腹胀嗳气、气虚食少者。

鲜味莲子泥

原料：莲子20克，南瓜20克。

做法：莲子泡洗煮软，南瓜切成与莲子一样大的小粒，跟莲子一起用料理机搅打至呈颗粒糊状。热锅入油和姜泥，小火炒香，入南瓜莲子泥，反复翻炒至厚泥状，入盘食用。

功效：健脾胃，养心神。

杜仲腰花

原料：猪腰100克，杜仲12克，青椒2个。

做法：杜仲洗净，用水煎煮熬制成浓汁50克，加入黄酒、蚝油、干淀粉、盐、白糖兑成芡汁；青椒洗净切条，炒锅烧热，加入花椒，将切好的腰花入锅，加葱、姜、蒜快速翻炒，沿锅边倒入杜仲芡汁和醋，翻炒均匀即成。

功效：滋补肝肾、强筋壮骨，有助于产后及体弱者恢复。

丝瓜酿虾

原料：丝瓜200克，虾9个。

做法：丝瓜洗净去皮，切3厘米段，用挖球器挖出坑状，排入盘中；鲜虾去壳去虾线，虾仁中间用刀划口，将虾尾穿过这个开口，卷成虾球，把虾球一个个放在丝瓜里；将葱、蒜、辣椒末加入用糖、盐、蒸鱼豉油、料酒调成的调料中，淋在丝瓜和虾上面，将盘入蒸锅蒸5分钟，即可享用。

功效：益气补肾、活血通经。

紫苏姜茶

原料：紫苏叶5克，干姜3克，绿茶3克。

做法：将干姜煮开，加入紫苏叶，用此水冲泡绿茶至味淡。

功效：温肺止咳。

百合草莓

原料：草莓150克，鲜百合30克。

做法：百合剥开洗净，草莓去蒂，洗净切开；锅内加水烧开，下入百合焯水，至开锅，再下入草莓焯烫，即可捞出；锅内倒入适量油，下入百合草莓翻炒几下，依个人口味放入白糖，快速翻炒即可。

功效：润肺、安神。

桃仁炒韭菜

原料：桃仁10克，嫩韭菜150克。

做法：将桃仁热水泡胀去皮，韭菜洗净切3厘米长的段备用；炒锅入油炒热，放入桃仁翻炒至色黄，再下韭菜段一起翻炒至断生，加精盐、香油、葱花炒匀，即可出锅装盘。

功效：补肾壮阳，温固肾气，适用于肾气不固型腰膝冷痛、小便频数、便秘等症。

产后第23天 一日食谱计划

餐次	餐谱	材料
早餐	玫瑰花粥	玫瑰花5朵，樱桃3颗，粳米40克
	荔枝虾球	虾仁75克，荔枝罐头75克
	白灼生菜	生菜120克
	赤小豆糯米糕	糯米粉40克，赤小豆10克
早加餐	香蕉燕麦饼	香蕉20克，燕麦20克
	丁香茶	母丁香1~2粒
午餐	山药羊肉汤	羊肉50克，山药15克
	红枣焙肉	猪五花肉80克，红枣10克
	百合荸荠炒南瓜芹菜	百合50克，鲜荸荠50克，南瓜50克，芹菜50克
	苞谷饭	玉米30克，香米70克
高热量	蜂蜜麻花	蜂蜜10克，小麦粉30克，牛奶10克
午加餐	无花果	无花果75克
晚餐	杏鲍菇豆腐汤	豆腐50克，杏鲍菇100克
	香酥核桃仁鸭方	鸭肉100克，核桃仁8克，虾肉20克
	糖醋彩椒藕片	藕70克，彩椒20克，胡萝卜20克
	金银小馒头	小麦粉40克
晚加餐	牛奶	牛奶300毫升

明星食材——

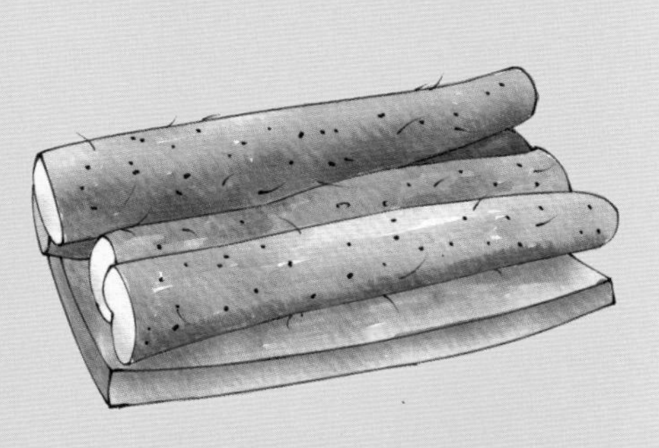

山药味甘，性平，归脾、肺、肾经，具有益气养阴、补脾肺肾的功效。

产后为什么要吃山药

产后肥胖：山药中含大量黏蛋白，可减少皮下组织的脂肪沉积，避免肥胖症。

提高机体免疫力：山药多糖是山药的主要活性成分，它帮助调节人体免疫系统，增强抵抗力；山药中的各种蛋白质、氨基酸以及钙、铁、维生素C等可促进抗体的形成，提高产后的机体免疫力。

产后助消化：山药中的消化酶能促进蛋白质和淀粉的分解，增强机体的消化吸收功能。

山药的黄金搭档

山药参枣炖肉

原料：人参6克，山药30克，大枣10枚，猪瘦肉适量。

做法：将猪肉洗净切片；山药去皮洗净，切小块；红枣、人参洗净，一起放入砂锅内，加适量清水煎煮至熟，可根据口味佐盐等调味即可。

功效：可治疗再生障碍性贫血。

山药炖南瓜

原料：山药100克，南瓜200克，胡萝卜100克。

做法：山药和南瓜去皮切块，胡萝卜切块。锅中烧油，炒香葱姜蒜，将山药下锅炒，翻炒几下后加水，加入南瓜，水开后将胡萝卜下锅，烧至山药软面，加盐等调味即可出锅。

功效：滋阴健脾，适用于血糖高、产后肥胖。

功效食谱做法

玫瑰花粥

原料：玫瑰花5朵，樱桃3颗，粳米40克。

做法：将玫瑰花花瓣撕下洗净；粳米淘洗干净，常法煮成稀粥，加入玫瑰花、樱桃、白糖稍煮即可。

功效：利气行血、散瘀止痛，适用于缓解产后腹痛。

赤小豆糯米糕

原料：糯米粉240克，赤小豆60克。

做法：赤小豆提前泡8小时，放电饭煲里蒸熟后凉凉；将糯米粉和凉凉的赤小豆放入盆中，加温水揉成面团，然后搓成长条状，切成6个剂子；放入蒸屉，水开后蒸30分钟左右，关火后闷一小会儿即可。产妇可取1个食用。

功效：散恶血，健脾胃，通乳汁。

丁香茶

原料：母丁香1~2粒。

做法：丁香擂碎入杯，开水冲泡，代茶饮。

功效：治呃逆，祛胃寒，止吐泻，理元气。

红枣焙肉

原料：猪五花肉80克，红枣10克。

做法：猪五花肉切成3厘米的方块，锅中加水烧开，倒入五花肉，加葱、姜、料酒后焯3分钟捞出，冷水冲洗干净；锅烧热不加油，倒入五花肉翻炒，加入料酒去腥，将炒出的多余油脂倒掉，加水漫过五花肉，小火炖煮30分钟，加入红枣、老抽、生抽、冰糖继续炖煮1小时，最后大火收汁，加入适量盐即可。

功效：补肾滋阴，益气养血，用于脾胃虚弱、便秘、产后缺乳等。

山药羊肉汤

原料：羊肉500克，山药150克。

做法：羊肉切块，泡在有葱姜的水中2小时备用；锅内加清水，大火烧开，放入羊肉撇去浮沫，捞出，用热水清洗干净；山药去皮，切滚刀块；将山药和羊肉一起放入锅中，加水没过山药和羊肉，加入黄酒和葱姜，文火炖煮3小时，加入胡椒和盐即可。产妇可取50克羊肉食用。

功效：补脾益肾，用于治疗产后体虚、营养不良等症。

香酥核桃仁鸭方

原料：鸭肉500克，核桃仁40克，虾肉100克。

做法：熟鸭去骨片好，鸭肉朝上皮朝下摆入盘中，核桃仁切碎备用，另将鸭肉和虾肉切碎，加入鸡蛋搅匀摆上核桃仁，上锅蒸熟，然后入油锅炸至金红色，切成方块，码盘上桌即可。建议产妇食用1/5量。

功效：调和脏腑，除烦热。

百合荸荠炒南瓜芹菜

原料：鲜百合或泡开百合50克，鲜荸荠（马蹄）50克，南瓜50克，芹菜50克。

做法：百合掰开洗净，荸荠切片，南瓜去皮切片，芹菜洗净切段；油热入葱姜，再放入百合、荸荠、南瓜、芹菜翻炒，加入盐、胡椒粉翻炒，最后倒入淀粉浆翻炒出锅装盘。

功效：凉血祛热、化痰降脂、美容养颜。

产后第24天 一日食谱计划

餐次	餐谱	材料
早餐	牡蛎粥	牡蛎5个，粳米50克
	素炒丝瓜	丝瓜100克
	火腿杏仁	杏仁10克，火腿50克，豌豆10克
	玫瑰锅炸	干玫瑰花15克，鸡蛋3个，小麦粉30克，干淀粉10克
早加餐	柠檬蛋挞	柠檬汁15克，小麦粉15克，鸡蛋30克
	枸杞红枣豆浆	黄豆20克，红枣5克，枸杞子10克
午餐	黄芪鸽子煲	黄芪15克，枸杞子15克，天麻10克，乳鸽1只
	酒酿烧鳗鱼	鳗鱼80克，醪糟30克，胡萝卜20克
	蚝油蒜蓉西蓝花	西蓝花120克
	苞谷饭	玉米30克，香米70克
高热量	番薯燕麦小煎饼	番薯40克，糯米粉20克，小麦粉15克，燕麦片10克
午加餐	香蕉	香蕉75克
晚餐	茯苓薏米炖龙骨汤	茯苓10克，薏苡仁10克，猪骨头100克
	紫苏肉卷	牛肉片100克，紫苏叶40克
	香菇牛蒡炒青瓜	黄瓜70克，香菇30克，鲜牛蒡30克
	鸡丝炒面	面条30克，鸡肉30克，小白菜20克，黄瓜20克，绿豆芽20克
晚加餐	牛奶	牛奶300毫升

明星食材——黄芪

黄芪味甘，性微温，归脾、肺经，具有补气升阳、益卫固表、托毒生肌、利水消肿的功效。

产后为什么要吃黄芪

产后补虚：脾为气血生化之源，肺主一身之气，脾肺气血不足会出现中气下陷的症状，如子宫脱垂、脱肛；如果气虚不能统摄血液，就会引起恶露不止等。黄芪能补脾肺之气，为补气要药，且有升举阳气的作用，非常适合产后调理补虚。

产后排水肿：黄芪有补气利尿退肿的功效，能够帮助下肢水肿尽快恢复。

怎么吃

黄芪是百姓经常食用的纯天然保健品，民间流传着“常喝黄芪汤，防病保健康”的顺口溜，意思是说经常用黄芪煎汤或泡水代茶饮，具有良好的防病保健作用。

黄芪的黄金搭档

黄芪归枣饮

原料：黄芪15克，当归10克，枸杞子10颗，大枣10枚。

做法：以上材料加水2000毫升，大火烧开后，小火再煎煮30分钟。

功效：补气养血，适用于产后气虚、贫血。

黄芪枸杞母鸡汤

原料：母鸡500克，黄芪20克，枸杞子10克，姜片15克。

做法：母鸡洗净剁成块；入锅开水中撇去浮沫，捞出沥干，姜片和黄芪、枸杞子都冲洗干净沥干；鸡块和姜片、黄芪一起放入砂锅中，加入适量清水；大火煮开后转小火，炖至鸡块软烂；加入枸杞子和适量盐，关火，盖上盖子闷一小会儿，等枸杞子涨大即可食用。

功效：补气养血，升阳健胃。适用于内伤劳倦所致的泄泻、崩漏、脱肛、子宫脱垂、肾下垂者。

黄芪煲牛腱

原料：黄芪15克，牛腱肉100克。

做法：牛腱肉切厚块，飞水去浮沫；同黄芪同放入锅内，加适量清水，武火煮沸转文火，煲1小时，以盐调味，饮汤吃肉。

功效：强壮筋骨，滋润肠胃，增强抵抗力，适用于产后体虚、易感冒。

功效食谱做法

牡蛎粥

原料：牡蛎5个，粳米50克。

做法：将牡蛎洗净取肉；粳米洗净，泡水30分钟备用。将粳米放入锅中，加入适量水煮成粥，再加入牡蛎肉、盐煮熟，最后撒葱末、淋麻油即可食用。

功效：滋润皮肤，美容瘦身，抗衰老。

火腿杏仁

原料：杏仁10克，火腿50克，豌豆10克。

做法：杏仁洗净沥干，火腿切成小丁备用；油锅温油葱姜爆香，下豌豆煸炒，放入火腿丁，加水没过原料，3分钟后把杏仁放入煸炒，加盐调味、水淀粉勾芡出锅。

功效：润肺、润肠、美容。

枸杞红枣豆浆

原料：黄豆20克，红枣5克，枸杞子10克。

做法：将干黄豆洗净、泡好，红枣去核洗净；将黄豆、红枣、枸杞子一同装入豆浆机，做熟可饮。

功效：滋阴养胃，用于产后调养气血。

玫瑰锅炸

原料：干玫瑰花5克，鸡蛋3个，小麦粉30克，干淀粉10克。

做法：鸡蛋打入碗中，加入面粉、干淀粉，加水搅拌均匀；把干玫瑰花用水泡开后剁细，用蜂蜜调好。炒锅加水烧开，加入蛋面浆，文火搅拌至熟，起锅后晾凉、切长条。平底锅加油烧至150℃，放入长条，煎炸2次至呈金黄色后捞入盘中，淋上蜂蜜玫瑰碎即可。

功效：柔肝养胃、活血祛瘀、调经。

黄芪鸽子煲

原料：黄芪15克，枸杞子15克，天麻10克，乳鸽1只。

做法：乳鸽去毛与内脏，洗净；全部材料放砂锅内，加水与盐适量，隔水炖熟，吃肉喝汤。

功效：补益身体，对贫血、产后或病后体虚、头晕目眩者，有调补之效。

酒酿烧鳗鱼

原料：鳗鱼80克，醪糟30克，胡萝卜20克。

做法：胡萝卜切片；鳗鱼处理干净切厚片，放入料酒和盐腌制片刻；平底锅烧热放油转中火，放姜，下鳗鱼煎至呈金黄色，放醪糟，加入蒸鱼豉油和水没过鱼身焖煮15分钟，放入胡萝卜，加入盐调味，大火收汁，撒上葱末即可。

功效：增乳补益。

紫苏肉卷

原料：牛肉片100克，紫苏叶40克。

做法：紫苏叶洗净沥干，将牛肉片与紫苏叶卷在一起，油锅起火，将肉卷下锅排好，转小火煎至肉熟透即可，可以蘸椒盐或酱汁食用。

功效：解表散寒，行气和中。

产后第25天 一日食谱计划

餐次	餐谱	材料
早餐	白果粥	白果10克，糯米25克
	百合鸡丝	百合20克，彩椒20克，鸡胸肉30克
	炒三彩	荷兰豆50克，胡萝卜30克，莲藕30克
	蒲公英鸡蛋贴饼子	玉米面25克，黄豆面15克，鲜蒲公英50克，鸡蛋30克
早加餐	赤小豆马蹄糕	马蹄粉25克，赤小豆15克，红糖5克，冰糖5克
	冰糖燕窝	干白燕窝6克，冰糖5克
午餐	油菜肉末海蛎汤	油菜心80克，猪肉脯25克，牡蛎肉50克
	山楂排骨	猪小排100克，鲜山楂20克
	枸杞金瓜	枸杞子20克，南瓜100克
	海南菠萝饭	虾仁30克，火腿30克，菠萝50克，胡萝卜30克，粳米饭80克
高热量	豆渣饼	黑豆渣40克，面粉15克，鸡蛋30克
午加餐	樱桃	樱桃70克
晚餐	番茄鹌鹑蛋汤	鹌鹑蛋50克，番茄100克
	牛蒡炒肉丝	鲜牛蒡100克，猪里脊肉50克，胡萝卜30克
	芦笋炒山药	芦笋120克，彩椒20克，山药50克
	孜然炒意面	贝壳意面40克，西蓝花30克，洋葱30克
晚加餐	牛奶	牛奶300毫升

明星食材——牛蒡

牛蒡味辛、苦，性寒，归肺、胃经，具有疏散风热、解毒透疹、利咽散肿的功效。

产后为什么要吃牛蒡

产后增强抵抗力：牛蒡全植物含有抗菌成分，其中叶含抗菌成分最多，主要抑制金黄色葡萄球菌；而且牛蒡中的很多成分可以抗肿瘤，如牛蒡苦素能抑制癌细胞中磷酸果糖激酶的活性。

抗衰老：牛蒡根中含有过氧化物酶，它能增强细胞免疫机制的活力，清除体内氧自由基，阻止脂褐素在体内的生成和堆积，抗衰防老。

牛蒡的黄金搭档

凉拌牛蒡

原料：鲜牛蒡根300克，白糖8克，白醋8克，黑芝麻10克，白芝麻10克，香油5克。

做法：牛蒡去皮，洗净切丝，放入滚水中烫熟，捞出沥干，待牛蒡放凉，加白糖、白醋搅拌均匀，再放入黑芝麻和白芝麻略拌一下，食用时淋上少许香油即可。

功效：帮助产后预防感冒，提高抵抗力。

牛蒡炖鸡

原料：鲜牛蒡根500克，鸡1只，料酒、精盐、味精、胡椒粉、葱段、姜末等各适量。

做法：将牛蒡根洗净，削皮切厚片。将鸡入沸水中焯去血水。锅内放入适量水，放入鸡煮沸，加入料酒、精盐、味精、葱姜炖烧至熟烂，投入牛蒡片烧至入味，加入胡椒粉，出锅即成。

功效：适用于产后体虚瘦弱、四肢乏力、母乳不足。

牛蒡粥

原料：粳米50克，鲜牛蒡根30克，栗子5颗。

做法：将牛蒡根切块，与栗子肉、粳米共煮50分钟，熟烂即可。

功效：适用于产后咽喉肿痛、产后便秘等症。

功效食谱做法

白果粥

原料：白果10克，糯米25克。

做法：白果去壳；锅内清水煮沸后下入糯米和白果同煮至熟即可。

功效：止咳平喘，固肾补肺。

蒲公英鸡蛋贴饼子

原料：玉米面25克，黄豆面15克，鲜蒲公英50克，鸡蛋30克。

做法：将玉米面、黄豆面和小苏打倒入碗中混合，加入开水搅拌，揉匀成团醒发半小时；鸡蛋炒熟铲碎；蒲公英洗净焯软沥水，切碎，加入炒鸡蛋、姜蒜末、芝麻油等，拌匀；取小面团放入馅料，收口制成饼状；锅烧热，锅底涂油，摆入饼坯，中小火煎烙1分钟，加水焖熟，待水分散尽，出锅。

功效：解毒、消痈。

冰糖燕窝

原料：干白燕窝6克，冰糖5克。

做法：将燕窝用温水浸软泡发，择去细毛，隔水文火炖熟，加入冰糖。

功效：经常服食，有润肺养颜、延寿美容之效。

赤小豆马蹄糕

原料：马蹄粉25克，赤小豆15克，红糖5克，冰糖5克。

做法：用清水溶化马蹄粉，搅拌成粉浆；锅内放入清水加热至沸腾，加冰糖、红糖制成糖水；糖水放凉至80℃时，倒入马蹄粉浆，搅拌均匀，倒入煮熟的赤小豆，然后倒入模具，晾凉呈晶莹剔透有弹性时切块食用。

功效：凉血解毒，消食除胀，利尿通便，化湿除痰。

山楂排骨

原料：猪小排100克，鲜山楂20克。

做法：山楂洗净去核；热锅内加油，下葱段、姜片爆香，推入排骨翻炒至油变清亮；加水没过排骨，放入八角、生抽和山楂，大火烧开后，转中小火烧30分钟，捞出葱段、姜片，大火收汁，撒上葱末即可。

功效：化饮食，消肉积，健脾、活血、行气。

枸杞金瓜

原料：枸杞子20克，南瓜100克。

做法：枸杞子洗净泡好，南瓜去蒂、去瓤，切块，锅内热油，倒入南瓜、枸杞子翻炒至熟，出锅装盘即可。

功效：补中益气，补肾益精。

牛蒡炒肉丝

原料：鲜牛蒡100克，猪里脊肉50克，胡萝卜30克。

做法：牛蒡切丝，胡萝卜切丝，猪肉切丝，葱、姜、蒜切末备用；油入锅，7成热时，放入葱、姜、蒜末爆香，调入醋和料酒，倒入猪肉丝，炒至变色；下牛蒡丝、胡萝卜丝，再入盐翻炒，再加入生抽，炒匀出锅即可。

功效：滋阴润燥、温中益气、祛风消肿。

产后第26天 一日食谱计划

餐次	餐谱	材料
早餐	百合魔芋公英粥	鲜百合15克，魔芋15克，水发银耳15克，鲜蒲公英30克，粳米50克
	清炒芹菜	芹菜茎100克
	竹笋佛手消斑羹	竹笋50克，佛手50克
	烧麦	小麦粉30克，羊肉15克，笋15克
早加餐	杏仁豆腐	杏仁15克，牛奶50毫升
	桂圆红枣银耳羹	桂圆5克，红枣10克，银耳15克
午餐	丁香牛肉汤	丁香5粒，茄子50克，洋葱50克，牛肉50克
	五彩虾丝	海虾50克，胡萝卜20克，冬笋20克，洋葱20克，彩椒15克
	蒜蓉秋葵	秋葵120克
	赤小豆薏米饭	赤小豆20克，薏苡仁30克，粳米50克
高热量	黄金玉米烙	玉米粒50克，淀粉15克，糯米粉20克
午加餐	菠萝	菠萝75克
晚餐	益母草鸽子汤	乳鸽50克，益母草15克
	软炸牡蛎黄	鸡蛋100克，牡蛎肉200克，小麦粉50克
	丝瓜炒豆腐	豆腐50克，丝瓜60克
	鸡丝木耳炒面	鸡胸肉20克，洋葱20克，胡萝卜20克，木耳20克，面条40克
晚加餐	牛奶	牛奶300毫升

明星食材——牡蛎肉

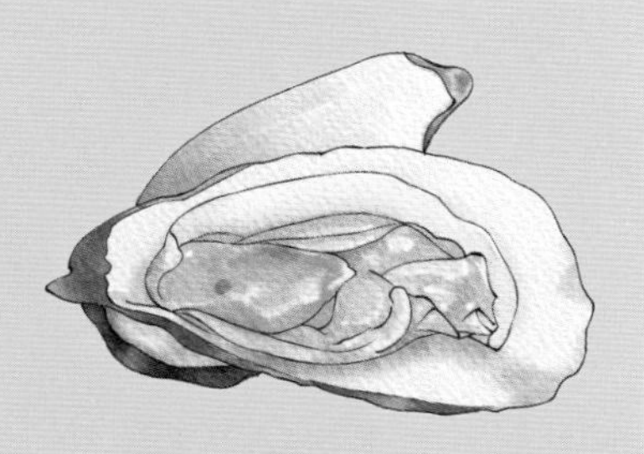

牡蛎味甘、咸，性平，归肝经，具有滋阴益血、清热除湿的功效。

产后为什么要吃牡蛎

产后补充多种营养素：牡蛎软体中微量元素锌、硒的含量高于一般海产品，人体每日摄入10~20克牡蛎肉就能满足锌、硒的日需求量。

产后抗疲劳：牡蛎中牛磺酸含量较高，而牛磺酸是一种对人体极为重要的氨基酸，能加强机体免疫力、改善内分泌状态，并有预防缺铁性贫血等作用。

怎么吃

选择新鲜的牡蛎，需注意观察牡蛎肉的外观、形状，是否有臭味、异味等。

牡蛎的黄金搭档

牡蛎豆腐汤

原料：牡蛎肉200克，豆腐200克，蒜片、葱丝、虾油、淀粉适量。

做法：牡蛎肉洗净；豆腐洗净切丁。锅置火上，放入花生油烧热，入蒜片煸香，倒入虾油，加水烧开，加入豆腐丁、精盐烧开，加入牡蛎肉、葱丝，用湿淀粉勾芡即可。

功效：益智健脑，滋润肌肤，对于产妇健忘有很好的改善作用。

百合牡蛎汤

原料：牡蛎肉150克，鲜百合30克，冬瓜100克，生姜、葱适量，盐、料酒、胡椒粉等。

做法：鲜百合洗净备用，牡蛎肉洗净；冬瓜去皮切条，生姜去皮切片，葱切段。用砂锅加入高汤，中火烧开，下入牡蛎肉、冬瓜、生姜、料酒，加盖，文火煲40分钟，再投入百合，调入盐、胡椒粉，继续小火煲30分钟撒上葱段即可食用。

功效：滋阴、补虚、润肺，适用于女性产后阴虚血亏汗多，睡眠不良者。

功效食谱做法

百合魔芋蒲公英粥

原料：鲜百合15克，魔芋15克，水发银耳15克，鲜蒲公英30克，粳米50克。

做法：百合、魔芋、银耳、蒲公英均切末，全部原料洗净入锅加水2500毫升，煮开，慢火煮烂即可食用。

功效：清热解毒、消肿散结，预防乳汁郁结。

竹笋佛手消斑羹

原料：竹笋50克，佛手50克。

做法：将竹笋切片，与佛手、生姜用水煮透，加盐适量调匀，在锅内冷腌24小时后即可佐餐食用。

功效：化痰消斑，可改善或消除妇女面部黄褐斑。

杏仁豆腐

原料：杏仁15克，牛奶50毫升。

做法：杏仁浸泡后制成杏仁浆备用；琼脂入小锅内加热，倒入牛奶和杏仁浆，搅拌至煮开，可放入适量冰糖后关火，倒入保鲜盒中晾凉，放入冰箱冷藏至凝固，食用时切成豆腐块状，可根据口味加入糖桂花、蜂蜜。

功效：降气化痰，止咳平喘，润肠通便。

赤小豆薏米饭

原料：赤小豆20克，薏苡仁30克，粳米50克。

做法：赤小豆洗净浸泡12小时，泡好后换水煮至8成熟捞出放凉，放入冰箱备用；粳米、薏苡仁淘洗干净后，用煮赤小豆的水浸泡8小时；泡好的粳米、薏苡仁和赤小豆一起入锅蒸熟即可。

功效：消肿解毒，通乳汁。

丁香牛肉汤

原料：丁香5粒，茄子50克，洋葱50克，牛肉50克。

做法：茄子切块，洋葱头切细；牛肉提前煮好；将丁香和其他原料混合入锅内煮至茄子熟软即可。

功效：开胸理气， 治胸腹胀闷。

益母草鸽子汤

原料：乳鸽50克，益母草15克。

做法：乳鸽洗净切块；益母草装入煎汤袋中；将鸽肉冷水入锅，烧至滚沸去沫，然后转入炖锅中，加入葱、姜和益母草，炖至熟烂即可。

功效：益气，调经，解毒。

软炸牡蛎黄

原料：鸡蛋100克，牡蛎肉200克，小麦粉50克。

做法：鸡蛋取蛋黄加面粉搅匀成蛋黄糊；牡蛎肉洗净，入沸水中快速烫一下捞出控干水分，用盐、香油腌渍；热锅放油，油热至七成将牡蛎肉裹匀蛋糊逐个放入锅中炸成金黄色捞出，控净油装盘；将花椒盐放入一个小碟中，蘸食即可。

功效：调中益气养血，常食有助于产后及久病后身体恢复。

产后第27天 一日食谱计划

餐次	餐谱	材料
早餐	黄精米粥	黄精15克，粳米50克
	菠菜胡萝卜丝拌豆皮	胡萝卜30克，豆腐皮30克，菠菜30克
	爽口牛心菜	结球甘蓝（牛心菜）100克
	红枣蛋饼卷	小麦粉30克，红枣10克，红豆沙20克，鸡蛋50克
早加餐	阿胶雪梨	雪梨100克，阿胶末6克
	黑芝麻核桃豆浆奶冻	黑芝麻10克，核桃仁10克，黄豆10克，牛奶100毫升
午餐	猪肚养生汤	猪肚50克，猪小排30克，玉米25克，胡萝卜20克
	百合香菇鸡	百合20克，香菇15克，山楂10克，枸杞子5克，童子鸡100克
	荷兰豆炒杏鲍菇	荷兰豆70克，杏鲍菇30克，红椒20克
	荞麦饭	荞麦30克，香米70克
高热量	蒸双薯	番薯30克，紫薯30克
午加餐	蜜橘	蜜橘75克
晚餐	鲫鱼豆腐汤	豆腐40克，鲫鱼50克
	栗子烧山药	栗子30克，山药75克
	丝瓜木耳炒鲜鱿	丝瓜50克，木耳10克，彩椒30克，鱿鱼50克
	红烧牛肉河粉	河粉40克，牛肉20克，胡萝卜15克，小白菜15克
晚加餐	牛奶	牛奶300毫升

明星食材——

阿胶，别名驴皮胶，味甘，性平，归肺、肝、肾经，具有补血止血、滋阴润肺的功效。

产后为什么要吃阿胶

产后补血：中医讲究生成禀受，阿胶是由精血化生而成的驴皮熬制，所以具有很强的补血功效。

产后美容：阿胶能够有效补充人体皮肤胶原蛋白，增强皮肤弹性，防止皱纹产生，起到滋润皮肤的作用。

产后滋阴安神：阿胶另一大功效就是滋阴安神。临床上多用阿胶来治疗肾阴不足、心火亢盛、心肾不交所导致的烦躁和失眠。

怎么吃

食用阿胶期间，需忌口生冷食物、萝卜、大蒜及浓茶，以免降低药效。

阿胶的黄金搭档

❤ 阿胶鸽子汤

原料：阿胶5克，鸽子1只，红枣3个。

做法：阿胶用黄酒提前1晚泡化；鸽子去毛洗净备用，红枣洗净；将阿胶、鸽子、红枣一起放入锅中，用大火煮沸后改为小火煮3小时，加盐调味即可。

功效：养血健脾，适用于心脾两虚、心悸失眠。

❤ 阿胶蛋花汤

原料：鸡蛋1个，阿胶末6克。

做法：用开水将阿胶末化开后煮开，打入一个鸡蛋，搅匀，煮滚开后即可。

功效：健脾补血养肝，适用于产后或病后体虚调补。

功效食谱做法

红枣蛋饼卷

原料：小麦粉30克，红枣10克，红豆沙20克，鸡蛋50克。

做法：红枣洗净，去核切成小块，加入红豆沙，根据口味加入坚果碎，共同抓匀捏成团；鸡蛋打散加入面粉，搅拌成糊状，倒入平底锅摊成面饼，取馅揉成长条状，待饼表面刚刚凝固时放入馅料卷起，煎至熟透，出锅切成段。

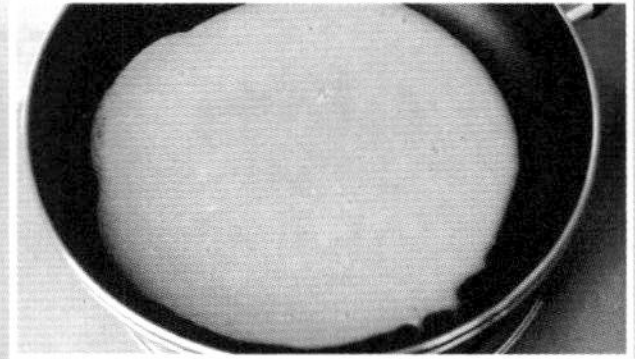

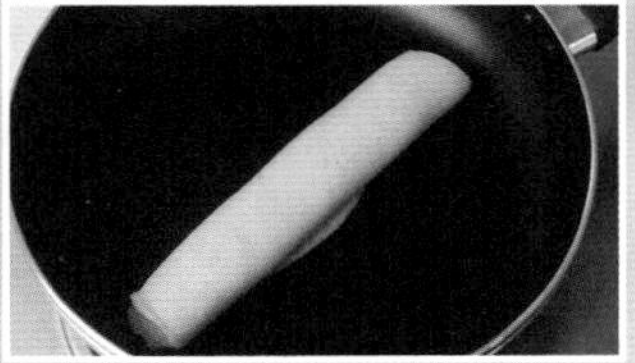

功效：安神养血。

黄精米粥

原料：黄精15克，粳米50克。

做法：黄精与粳米共煮，用文火煮至粳米开花，粥稠见油，加入冰糖，再煮片刻即可。每日早晚空腹温热服食。

功效：补肺润肺、滋阴补脾，具有防治心血管疾病、降压、抗衰老之功效。

黑芝麻核桃豆浆奶冻

原料：黑芝麻10克，核桃仁10克，黄豆10克，牛奶100毫升。

做法：黑芝麻打粉，核桃仁压碎；黄豆制成豆浆；豆浆、牛奶和糖倒入锅中搅拌，加热至60℃；将明胶放入冰水中泡软，挤出水分，加入豆奶中搅溶化，即成豆浆奶冻；放入冰箱冷藏至凝固，在上面加入黑芝麻粉和核桃碎即可。

功效：润泽五脏，补养气血。

丝瓜木耳炒鲜鱿

原料：丝瓜50克，木耳10克，彩椒30克，鱿鱼50克。

做法：木耳提前清水泡发，洗净；鱿鱼去内脏洗净，撕去表皮切十字花刀；彩椒、姜蒜洗净切片；丝瓜去皮洗净切厚条；锅内开水，焯鱿鱼至卷起捞出；锅内热油放姜片爆香，放入鱿鱼快炒后铲起出锅；锅内余油放蒜片、彩椒、木耳炒香铲起；锅内少许油，大火烧热，放入丝瓜炒熟，再放入其他材料一起回锅，加入调味料，勾芡即可出锅。

功效：清热解毒，通乳消斑。

百合香菇鸡

原料：百合20克，香菇15克，山楂10克，枸杞子5克，童子鸡100克。

做法：将原料入砂锅加水2000毫升、黄酒30毫升、盐和葱姜末，烧开后改慢火将鸡煮烂即可食用。

功效：补中益气，和胃除烦，宁心安神。

栗子烧山药

原料：栗子30克，山药75克。

做法：山药去皮，洗净，切滚刀块，泡水中备用；板栗洗净煮熟，去皮；锅置火上，油烧至5成热，放入切好的山药煎至色泽微黄，盛出；锅置火上，另倒入油，烧至5成热，放葱段、姜片、蒜片爆香，放入板栗、煎好的山药，翻炒，加盐调味，加适量水大火烧开，转小火烧至山药入味，收汁即可。

功效：滋补脾胃。

阿胶雪梨

原料：雪梨100克，阿胶末6克。

做法：雪梨去皮去核；阿胶末用热水冲化备用；梨子放入高压锅，加入冰糖蜂蜜和阿胶水，再加适量水没过雪梨的2/3，上汽后煮10分钟，开盖继续煮至汤汁收浓。

功效：清肺化痰，养血润燥。

产后第28天 一日食谱计划

餐次	餐谱	材料
早餐	荷叶粥	鲜荷叶1张，粳米40克
	鸡蛋蘸芝麻	黑芝麻5克，白芝麻5克，鸡蛋50克
	凉拌萝卜苗	萝卜苗100克
	煎饺	小麦粉30克，猪肉15克，小白菜15克
	桂圆枸杞冻糕	桂圆干10克，枸杞子5克
早加餐	蜂蜜鲜藕汁	鲜藕100克，蜂蜜20毫升
	双红排骨汤	红枣10克，胡萝卜30克，猪小排50克
午餐	黄芪甘草乌鸡煲	黄芪10克，甘草10克，大枣10克，乌骨鸡150克
	蒜蓉干贝蒸丝瓜	丝瓜100克，干贝20克
	山药饭	山药30克，香米70克
高热量	黑面包	黑麦麸粉30克，小麦粉30克
午加餐	西瓜	西瓜100克
晚餐	海带豆腐汤	海带100克，豆腐50克
	姜汁烧肉	猪里脊100克，洋葱50克，生姜30克
	青椒胡萝卜炒菜花	菜花100克，胡萝卜20克，青椒20克
	炒合菜+饼	小麦粉40克，韭菜50克，粉条30克，豆芽30克，嫩菠菜50克
晚加餐	牛奶	牛奶300毫升

明星食材——蜂蜜

蜂蜜，别名白蜜，味甘，性平，归脾、肺、大肠经，具有补中缓急、润肺止咳、润肠通便的功效。

产后为什么要吃蜂蜜

促进产后身体代谢，维护正常生理功能：蜂蜜中含有多种维生素，以B族维生素和维生素C为最多。维生素是维持生物生长发育和机体代谢必需的微量营养素，被机体吸收后，能够促进糖类、脂肪与蛋白质的代谢，维护细胞正常分裂，保证产后妈妈神经、皮肤、头发、眼睛、口腔、骨髓、肝脏等各组织器官的健康。

增进产后消化，帮助润肠通便：蜂蜜可调节胃液分泌，增强胃肠蠕动，改善消化功能，缩短排便时间，有效防治便秘。

怎么吃

蜂蜜的食用时间因人而异，多数人选择早晚空腹食用，更有利消化吸收。

蜂蜜的黄金搭档

奶蜜饮

原料：蜂蜜50毫升，牛奶50毫升，黑芝麻25克。

做法：黑芝麻磨粉，同蜂蜜、牛奶调匀，早晨空腹用温开水冲服。

功效：适用于产后血虚，肠燥便秘，面色萎黄，皮肤不润。

蜂蜜三汁

原料：白糖、大枣、红皮花生、莲子各100克，蜂蜜15克。

做法：将莲子浸泡去核，大枣洗净去核，花生浸泡去皮。莲子、大枣、花生放入碗内并加少许白糖拌匀后上蒸笼蒸熟，剩下的白糖与蜂蜜加水熬成糖汁，蒸好的材料加入糖汁拌匀，待凉后即可食用。

功效：对于产后体虚有很好的调理作用。

蜜酥

原料：蜂蜜适量，酥油30克，粳米50克。

做法：先将粳米加水煮粥，加入酥油及蜂蜜，稍煮。

功效：改善产后阴虚引起的咳嗽、口疮、口干口渴等症。

功效食谱做法

荷叶粥

原料：鲜荷叶1张，粳米40克。

做法：先将荷叶洗净，撕成片，放水中煎汤，去荷叶，用此汤加粳米煮粥食之。

功效：适用于所有肥胖者。

鸡蛋蘸芝麻

原料：黑芝麻5克，白芝麻5克，鸡蛋50克。

做法：将芝麻炒香，研细末，加少量食盐；另将鸡蛋煮熟后，剥去外壳蘸芝麻细末食用。

功效：可用于产后乳汁不足。

桂圆枸杞冻糕

原料：桂圆干10克，枸杞子5克。

做法：桂圆干剪碎，和枸杞子一起冲洗干净；共同放入小锅，加清水煮10分钟出味；鱼胶粉加清水搅拌成糊状，加入锅中，继续小火加热，同时搅拌至鱼胶粉完全溶解，晾凉后倒入模具，放入冰箱冷藏至凝固即可享用。

功效：补益肝肾，明目安神。

黄芪甘草乌鸡煲

原料：黄芪10克，甘草10克，大枣10克，乌骨鸡150克。

做法：鸡去毛和内脏，和黄芪、甘草、大枣一齐放入砂锅，加水适量，大火煮沸后打去浮沫，放盐和料酒，小火煨至鸡肉熟烂即成。

功效：补气养血，升阳健胃。适用于内伤劳倦所致的泄泻崩漏、脱肛、子宫脱垂者。

蜂蜜鲜藕汁

原料：鲜藕100克，蜂蜜20毫升。

做法：取鲜藕洗净，切片榨汁，加入蜂蜜调匀服食。

功效：适用于热病烦渴、中暑口渴等。

姜汁烧肉

原料：猪里脊100克，洋葱50克，生姜30克。

做法：里脊切片，撒入淀粉抓匀；姜切碎，加入生抽、料酒、盐等调味料搅匀备用；锅内热油，放入里脊煎至两面变色，放入洋葱丝翻炒至变软，倒入调好的生姜料汁，翻炒熟收汁即可。

功效：解表散寒，温中暖胃。

蒜蓉干贝蒸丝瓜

原料：丝瓜100克，干贝20克。

做法：干贝泡软；蒜制成蓉；丝瓜刨去皮，切段；锅中加油，放入干贝炒香盛出；丝瓜摆放盘里，干贝蒜蓉铺在丝瓜上面，上火蒸5分钟即成。

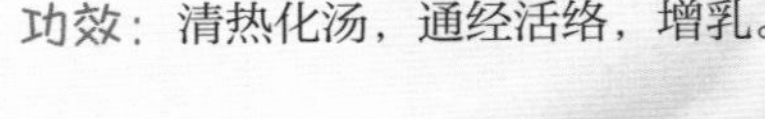

功效：清热化汤，通经活络，增乳。

第五周

（第29~35天）美容养颜

产后第29天 一日食谱计划

餐次	餐谱	材料
早餐	莲子薏米粥	莲子10克，薏苡仁20克，大米50克
	醪糟太阳蛋	猪肉馅20克，鸡蛋50克，醪糟15克
	彩色山药丁	山药30克，胡萝卜40克，黄瓜40克，玉米20克，青豆10克
	荷叶饼	小麦粉40克
早加餐	紫薯茯苓芸豆糕	白豆沙20克，茯苓粉20克，紫薯泥10克
	香橙燕窝	燕窝6克，一个橙子，取橙肉20克
午餐	猪心汤	猪心50克，猪肉50克
	番茄牛腩	牛腩80克，番茄100克
	烧五素	胡萝20克，芹菜20克，山药20克，香菇20克，西蓝花60克
	紫薯饭	紫薯30克，香米70克
高热量	核桃桂圆紫米糕	紫米30克，红糯米30克，桂圆10克，核桃仁10克
午加餐	雪花梨	雪花梨75克
晚餐	冬瓜薏米骨头汤	薏苡仁30克，猪骨头40克，冬瓜60克
	木瓜鸡翅	木瓜100克，鸡翅100克
	烧茄子豆角	豆角50克，茄子70克
	红烧牛肉河粉	河粉40克，牛肉20克，胡萝卜15克，小白菜15克
晚加餐	牛奶	牛奶300毫升

明星食材——燕窝

燕窝味甘，性平，归肝、胃、肾经，具有养阴润燥、益气补中、化痰止咳的功效。

产后为什么要吃燕窝

产后美白润肤：燕窝含有燕窝酸和表皮细胞生长因子，长期食用可增加人体内的氨基酸，帮助合成胶原蛋白，从而改善皮肤老化，淡化色斑，使皮肤更光滑细白，富有弹性。

产后养阴润肺：燕窝中含有大量的黏蛋白、糖蛋白、钙、磷等多种营养成分，可以帮助修复肺部损伤，预防咳嗽、感冒等。

怎么吃

在进食了燕窝之后一定要忌油腻、生冷及刺激性食物。

燕窝的黄金搭档

牛奶燕窝

原料：干白燕窝9克，牛奶100毫升。

做法：将燕窝用温水浸软泡发，择去细毛，沥水，加入少量清水，没过燕窝，隔水文火炖30分钟，加入温热牛奶即可。

功效：润肺养颜。

川贝雪梨燕窝

原料：雪梨一个，燕窝半盏（约3克），川贝母6克。

做法：雪梨去核，燕窝先用温水浸泡，与川贝母、冰糖同放入梨内，隔水炖熟服食。

功效：祛痰止喘。

枸杞燕窝

原料：燕窝6克，枸杞子6颗。

做法：枸杞子洗净备用，燕窝泡发择毛后，隔水炖25分钟，再加入枸杞子炖5分钟后，关火即可。

功效：滋阴润肺。

功效食谱做法

莲子薏米粥

原料：莲子10克，薏苡仁20克，大米50克。

做法：先将莲子、薏苡仁浸泡2小时，加入大米，用小火熬煮至熟烂黏稠即可。

功效：健脾益胃止泻，适用于消化不良、脘腹胀满、大便溏泄。

醪糟太阳蛋

原料：猪肉馅20克，鸡蛋50克，醪糟15克。

做法：猪肉馅加盐、黑胡椒粉、姜末搅拌，放入碗中，加入醪糟，上面打入鸡蛋，入冷锅中蒸20分钟即可。

功效：滋阴补虚增乳。

彩色山药丁

原料：山药30克，胡萝卜40克，黄瓜40克，玉米20克，青豆10克。

做法：山药去皮切丁，入清水中浸泡备用；胡萝卜去皮切丁备用；青豆洗净沥干水；黄瓜切丁；山药丁焯水沥干；锅上热油，倒入玉米、胡萝卜丁和青豆，中火翻炒，加入盐等调味料，倒入山药丁、黄瓜丁翻炒至熟即可。

功效：健脾补虚。

紫薯茯苓芸豆糕

原料：白豆沙20克，茯苓粉20克，紫薯泥10克。

做法：茯苓粉和白豆沙倒入碗中搅匀，分2份，擀成方形，中间夹入擀成方形的紫薯泥，去边切块，表面用枸杞点缀。

功效：健脾利湿，和胃。

香橙燕窝

原料：燕窝6克，一个橙子。

做法：香橙或甜橙清洗干净，切去1/4，挤出橙汁，挖出橙子果肉，将泡好的燕窝和橙肉放入橙子内上冷锅内蒸20分钟即可。

功效：益脾胃，养颜美肤。

核桃桂圆紫米糕

原料：紫米30克，红糯米30克，桂圆10克，核桃仁10克。

做法：紫米和红糯米蒸熟后，加入桂圆块、核桃仁碎搅拌好，在模具内压紧切块即可食用。

功效：温中益气，养胃和脾。

木瓜鸡翅

原料：木瓜100克，鸡翅100克。

做法：木瓜洗净去皮和籽；葱姜切片，鸡翅洗净，背面划刀；平底锅放入鸡翅，小火煎至两面金黄色盛出；平底锅放入油，烧至五成热，放入葱姜爆香，放入煎好的鸡翅，倒入酱油，加清水没过鸡翅烧开后转小火焖10分钟，放入木瓜块，继续焖10分钟，加入冰糖和盐，大火收汁即可。

功效：祛湿和胃，滋脾益肺。

产后第30天 一日食谱计划

餐次	餐谱	材料
早餐	山药糯米粥	山药粉20克，糯米20克
	木瓜牛奶蒸蛋	木瓜35克，牛奶100毫升，鸡蛋1个
	小菜黑白配	木耳20克，腐竹20克，香菜80克
	野菜团	玉米面20克，小麦粉15克，鲜蒲公英30克
早加餐	芝麻核桃糖	黑芝麻15克，核桃仁15克，红糖5克
	冰糖玫瑰露	玫瑰花50克，冰糖5克
午餐	杜仲腰花汤	猪腰50克，杜仲15克
	白果蒸鸭	鸭肉100克，白果20克，山药50克
	莲子松仁玉米	甜玉米粒40克，鲜莲子15克，松子仁20克，黄瓜40克
	扬州蛋炒饭	胡萝卜15克，黄瓜15克，洋葱15克，冬笋15克，香米70克，鸡蛋50克
高热量	黑芝麻司康	高筋粉30克，黑芝麻10克
午加餐	枇杷	枇杷75克
晚餐	银鱼苋菜红汤	银鱼干15克，红苋菜100克
	丝瓜炒扇贝	丝瓜100克，扇贝肉30克
	拔丝双色	芋头50克，番薯50克
	蒲公英大馄饨	小麦粉30克，猪肉20克，鲜蒲公英15克
晚加餐	牛奶	牛奶300毫升

明星食材——玫瑰花

玫瑰花味甘、微苦，性温，归肝、脾经，具有养阴润燥、益气补中、化痰止咳的功效。

产后为什么要吃玫瑰花

预防和缓解产后抑郁：《本草正义》提到玫瑰花香气最浓，清而不浊，和而不猛，柔肝醒胃，行气活血，宣通窒滞而绝无辛温刚燥之弊。玫瑰花的疏肝解郁的特性可以很好地预防和缓解产后抑郁。

促进产后内分泌恢复：《本草纲目》中，玫瑰花可活血行血，理气调经，不仅可促进产后内分泌的平衡，对女性月经不调也有很好的治疗作用。

产后美容养颜：玫瑰花的维生素C含量较高，可帮助抗氧化和清除体内自由基。

玫瑰花的黄金搭档

玫瑰花粥

原料：未开全的玫瑰花5朵，粳米100克，樱桃10颗，白糖15克。

做法：将玫瑰花花瓣撕下洗净；粳米淘洗干净，常法煮成稀粥。加入玫瑰花、樱桃、白糖稍煮即可。

功效：适用于产后排恶露，缓解产后腹痛。

玫瑰豆腐

原料：新鲜玫瑰花1朵，豆腐2块，鸡蛋2只，白糖、淀粉、青丝（青杏蜜饯后切成丝）各适量。

做法：将玫瑰花洗净、晾干，切成花丝；豆腐切成小块，沾上干淀粉，挂上蛋糊，下油锅炸至金黄色，捞出沥油。锅内放少许清水，下入白糖搅炒，使其化开起大泡，放入炸好的豆腐块，翻炒几下，装盘撒上玫瑰花丝、青丝即成。

功效：益气和胃，活血散瘀。

功效食谱做法

山药糯米粥

原料：山药粉20克，糯米20克。

做法：锅中倒入清水，加入山药粉和糯米，煮粥食用。

功效：健脾养胃补气，适用于脾虚食少、腹泻、消瘦等。

木瓜牛奶蒸蛋

原料：木瓜35克，牛奶100毫升，鸡蛋1个。

做法：木瓜切块，平铺碗底；鸡蛋打散，加入温牛奶，鸡蛋牛奶液倒入装木瓜的碗中，放入锅内蒸10分钟。

功效：平肝和胃，舒筋活络。

芝麻核桃糖

原料：黑芝麻150克，核桃仁150克，红糖50克。

做法：取红糖50克，锅内加少量水，小火煎熬红糖至较稠后，加入炒熟的黑芝麻和核桃仁各150克，搅拌均匀后将糖倒入平盘中，冷却后用刀切成小块，产妇一次食用25克。

功效：可用于改善产后神经衰弱、健忘、脱发等。

冰糖玫瑰露

原料：玫瑰花50克，冰糖5克。

做法：将玫瑰花洗净后放入碗内，加入冰糖和适量水，放入蒸锅内，用碟子盖好碗蒸15分钟，即成。

功效：理气解郁，和血散瘀。适用于肝气郁结、胃气不舒等。

白果蒸鸭

原料：鸭肉100克，白果20克，山药50克。

做法：将白果放入开水中氽3~5分钟，去种皮，洗净，晾干，然后倒入烧热的猪油中炸至微黄，捞出待用。鸭肉洗净切块，用精盐、胡椒粉涂抹鸭胸，将鸭肉放入容器，再加入姜、葱、料酒、花椒等，放入白果，浇上适量高汤，上笼蒸30分钟即成。可以经常食用。

功效：止咳平喘，适用于咳嗽、气喘、哮喘等症，健康人经常食用能防病强身。

蒲公英大馄饨

原料：小麦粉30克，猪肉20克，鲜蒲公英15克。

做法：面粉加水制成馄饨面皮，蒲公英洗净焯水切碎，猪肉剁馅加入生抽等调味料搅拌，放入剁碎的蒲公英，加入油拌匀，用制好的馄饨面皮包好下锅煮熟即可。

功效：清热解毒，通乳。

莲子松仁玉米

原料：甜玉米粒40克，鲜莲子15克，松子仁20克，黄瓜40克。

做法：黄瓜切小丁，莲子、松子仁、甜玉米粒洗净沥干；锅内放一点点油，倒入松子仁，小火炒黄盛出备用；锅内放入葱花爆香，放入玉米粒、莲子、黄瓜丁大火炒匀，放入炒好的松子仁和盐等调料，最后放入水淀粉炒匀即可。

功效：补脾止泻，养心安神。

产后第31天 一日食谱计划

餐次	餐谱	材料
早餐	木瓜粥	木瓜15克，粳米50克，红糖15克
	丝瓜炒蛋	丝瓜100克，鸡蛋50克
	韭菜拌豆芽	韭菜50克，绿豆芽50克
	酱肉包	面粉30克，猪肉20克
早加餐	烤紫薯干	紫薯40克
	桑葚汁	桑葚100克，冰糖15克
午餐	当归鸽蛋汤	当归10克，鸽蛋50克
	莲子红烧肉	五花肉100克，鲜莲子100克
	清炒五丝	豆腐干20克，胡萝卜20克，洋葱20克，香菇20克，水发木耳20克，猪肉20克
	花生黑米饭	花生仁10克，黑米40克，香米40克
高热量	土豆饼	马铃薯50克，小麦粉15克
午加餐	木瓜奶昔	木瓜100克，牛奶50克，纯净水100克，蜂蜜5克
晚餐	荸荠肉片汤	荸荠30克，猪肉20克，香菇20克，胡萝卜20克
	酒酿芙蓉虾	龙虾或大虾肉100克，醪糟30克
	蒲公英蘸酱	鲜蒲公英叶100克，豆瓣酱10克
	炒米线	米线40克，甜椒20克，猪肉馅5克
晚加餐	牛奶	牛奶300毫升

明星食材——

桑葚味甘，性寒，归心、肝、肾经，具有滋阴补血、生津、润肠的功效。

产后为什么要吃桑葚

产后补血：桑葚含有丰富的铁和维生素C，是女性补气养血的佳品。

产后美容抗衰：桑葚中白藜芦醇含量丰富，它可以在一定程度上中和自由基；桑葚中所含的花青素相比于其他花青素色价更高，抗氧化力更强。

怎么吃

桑葚粥

原料：新鲜桑葚60克或干桑葚30克，糯米100克，冰糖15克。

做法：先将桑葚浸泡片刻，再与糯米同入砂锅煮粥，粥熟加冰糖稍煮即可，煮时忌用铁锅。

功效：产后乌发，益肾。

桑葚炖牡蛎

原料：干桑葚30克，红枣10枚，鲜牡蛎肉300克，料酒、盐、葱、姜、胡椒粉各适量，高汤2500毫升。

做法：将桑葚、红枣洗净，装入纱布袋内扎紧，放入炖锅内加入高汤，大火烧开后，小火炖煮40分钟，停火除去纱布包。然后将药汁烧开，下入牡蛎肉和葱、姜、料酒、盐、胡椒粉，再煮20分钟即可。

功效：滋补肝肾，适用于产后体虚、乳少、白发等。

功效食谱做法

木瓜粥

原料：木瓜15克，粳米50克，红糖15克。

做法：木瓜和粳米放入水中，熬至米烂粥熟，加红糖，稍煮溶化后即食。

功效：增乳，缓解下肢水肿。

丝瓜炒蛋

原料：丝瓜100克，鸡蛋50克。

做法：丝瓜洗净，去皮，切滚刀块，加盐腌制10分钟；鸡蛋打成蛋液；锅热入油，放蛋液炒至凝固盛出；锅内加油，用蒜爆香，放入丝瓜炒软，加入炒好的鸡蛋翻炒即可。

功效：美容养颜，补虚通乳。

桑葚汁

原料：桑葚100克，冰糖15克。

做法：桑葚洗净后放入锅内，倒入三倍水量，大火煮开后转小火，煮的过程中，用勺子碾碎果肉。加入冰糖，再煮10分钟过滤出汁水。

功效：滋阴，补血，生津，安神。

莲子红烧肉

原料：五花肉100克，鲜莲子100克。

做法：五花肉切小块，焯水后沥干备用；锅内热油，下入冰糖小火炒化，下五花肉翻炒至呈琥珀色，加入葱、姜、蒜爆香，加入清水和酱油，焖10分钟，加入清洗干净的新鲜莲子，炒匀后小火焖至汤汁变黏稠即可。

功效：健脾益肾，养心安神。

当归鸽蛋汤

原料：当归10克，鸽蛋50克。

做法：当归洗净泡好，锅中加入清水，下入鸽蛋、当归，小火煮至鸽蛋熟即可。

功效：益气，养血，补肾。

酒酿芙蓉虾

原料：龙虾或大虾肉100克，醪糟30克，1个鸡蛋取蛋清。

做法：龙虾肉或大虾洗净挑去虾线，上浆，入油锅炸熟；虾肉分装入盅，将醪糟加清水少许白糖熬化，浇在虾肉上；用蛋清打成蛋泡，入锅炒成芙蓉，出锅，盛在虾肉上即可。

功效：益气，生津，活血，增乳。

蒲公英蘸酱

原料：鲜蒲公英叶100克，豆瓣酱10克。

做法：蒲公英洗净沥干，摆盘；豆瓣酱炒熟，盛小碟，吃时蘸酱。

功效：清热解毒，通乳。

产后第32天 一日食谱计划

餐次	餐谱	材料
早餐	佛手粥	佛手10克，大米40 克
	益母草甜蛋汤	益母草15克，红糖10克，鸡蛋50克
	凉拌菜	芹菜茎100克
	飞饼香肠小卷	印度飞饼30克，香肠30克
早加餐	山药糕	山药50克，糯米粉50克，牛奶50毫升
	赤豆花生饮	赤小豆10克，花生仁10克
午餐	番茄鱼片汤	番茄100克，鱼片50克
	荠菜胡萝卜炒猪肝	胡萝卜50克，猪肝50克，荠菜30克
	炒鸡毛菜	鸡毛菜100克
	紫苏饭	鲜紫苏叶30克，香米70克
高热量	生姜面包	高筋面粉50克，生姜粉5克，白糖5克，蛋黄20克，黄油5克
午加餐	杨梅	杨梅50克
晚餐	豆腐丝瓜汤	火腿15克，丝瓜50克，豆腐50克
	枸杞肉丝	枸杞子30克，猪瘦肉100克，竹笋10克
	蒜蓉菠菜	菠菜200克
	虾仁青豆炒面	面条40克，虾仁20克，青豆10克，胡萝卜20克，甘蓝20克
晚加餐	牛奶	牛奶300毫升

明星食材——枸杞子

枸杞子味甘，性平，归肝、肾、肺经，具有滋补肝肾、明目、润肺的功效。

产后为什么要吃枸杞子

改善睡眠，恢复体力：黑枸杞中的花青素含量是普通食物的数倍，被称为“花青素之王”，花青素属于类黄酮化合物，具有抗氧化、增进视力、改善睡眠等多种功能。

补肾养阴，提高免疫力：枸杞子中富含枸杞多糖，近年来研究证实其在增强免疫力、抗氧化、保护生殖系统等方面具有明显功效。

怎么吃

每天进食枸杞子的数量不宜太多，否则容易滋补过度。健康的成年人和产妇一般每天吃20克左右的枸杞子为宜；如果是干嚼枸杞子，吃的数量就要减半了。

杞枣核桃鸡蛋羹

原料：核桃仁300克，红枣250克，枸杞子150克，猪肝200克，鸡蛋适量。

做法：将核桃仁微炒去皮，红枣去核，并与鲜猪肝同切碎，放入瓷盆中。放入枸杞子，再加少许水，隔水炖半小时后备用。每日取2~3汤匙，打入2个鸡蛋，加适量糖，蒸为羹。

功效：本方有养肝益肾明目的功效，用于改善产后视力下降、健忘等症。

枸杞菊花

原料：枸杞子10颗，杭白菊5朵。

做法：将菊花用热水冲泡，加入枸杞子，静待1分钟即可饮用。

功效：疏风清热，养阴补血，益精明目。

功效食谱做法

佛手粥

原料：佛手10克，大米40克。

做法：将佛手择净，放入药罐中，浸泡5～10分钟后，水煎取汁，加大米煮粥待熟即可。

功效：疏肝理气，燥湿化痰。适用于肝郁气滞所致的胃脘疼痛，纳差食少，咳嗽痰多。

山药糕

原料：山药50克，糯米粉50克，牛奶50毫升。

做法：山药去皮，隔水蒸软制成泥，加入糯米粉和牛奶搅拌成山药浆，放入容器屉布上，隔水蒸25分钟，蒸好取出晾凉切块即可食用。

功效：补气健脾，助消化。

枸杞肉丝

原料：枸杞子30克，猪瘦肉100克，竹笋10克。

做法：将猪瘦肉洗净，切成6厘米左右的细丝；竹笋切丝。枸杞子洗净。热猪油，待油七成热时，下肉丝、笋丝煸炒，再加入料酒、酱油、食盐、味精，放入枸杞子，翻炒几下，淋入麻油即可。

功效：滋补肝肾，润肺明目。

紫苏饭

原料：鲜紫苏叶30克，香米70克。

做法：将米淘洗好放入电锅煮熟；紫苏叶洗好切碎，挤掉水分，和蒸熟的米饭混合拌匀即可。

功效：芳香解表，增进食欲。

豆腐丝瓜汤

原料：火腿15克，丝瓜50克，豆腐50克。

做法：豆腐切小块，用开水浸泡10分钟备用；丝瓜去皮、洗净、切丁，火腿切丁；锅中加水烧开，放入泡好的豆腐块，煮开后放入丝瓜丁和火腿丁，烧至丝瓜熟透，加盐和葱花调味即可。

功效：补中益气，生津增乳。

生姜面包

原料：高筋面粉50克，生姜粉5克，白糖5克，蛋黄20克，黄油5克。

做法：将高筋面粉、生姜粉、白糖、蛋黄放入面包机，加30克水和面10分钟后加入黄油继续和面15分钟，发酵50分钟，面团胀大至2倍后，将面团滚圆松弛15分钟，再发酵30分钟，表面刷好蛋液，放入烤箱200℃烤约15分钟。

功效：温中益气。

产后第33天 一日食谱计划

餐次	餐谱	材料
早餐	什锦粥	赤小豆5克，栗子5克，莲子5克，红枣5克，糯米30克
	拌爽口三彩粒	玉米粒40克，胡萝卜40克，黄瓜40克
	紫甘蓝拌彩椒	紫甘蓝50克，圆白菜50克，彩椒30克
	肉饼	猪肉30克，小麦粉30克
早加餐	百果雪花酥	黄油10克，棉花糖25克，奶粉20克，各种坚果15克
	桑葚奶昔	桑葚50克，酸奶100克
午餐	黄精炖猪肉	黄精15克，猪瘦肉60克
	丁香排骨	丁香5克，猪小排50克
	双冬炒芥菜	香菇20克，芥菜80克，冬笋40克，胡萝卜30克
	南瓜杂粮饭	南瓜30克，藜麦30克，香米70克
高热量	山药窝头	玉米面30克，山药30克
午加餐	马奶葡萄	马奶葡萄75克
晚餐	黄芪鲤鱼饮	黄芪15克，鲤鱼100克
	肉丝炒如意菜	猪肉50克，蕨菜50克，胡萝卜30克
	豌豆芡实煲	豌豆50克，芡实50克，猪瘦肉30克，香菇10克
	五丝拌面	面条40克，鸡肉30克，黄瓜20克，绿豆芽20克，胡萝卜20，洋葱20克
晚加餐	牛奶	牛奶300毫升

明星食材——

黄精

黄精味甘，性平，归肺、脾、肾经，具有润肺滋阴、补脾益气的功效。

产后为什么要吃黄精

黄精补气作用与人参相类，其性质平和，对于身体虚弱者较容易接受，价格比人参便宜，适用于产后脾胃虚弱、体倦乏力的人。

怎么吃

黄精既能养阴，又能补气，可作为久服滋补之品，多和其他食物搭配食用，建议搭配砂仁、枳壳、陈皮等理气和中的药物。

黄精的黄金搭档

黄精乌鸡汤

原料：黄精 15 克，乌骨鸡 1 只（约 500 克），生姜 2 片，红枣 3 枚，盐少许。

做法：乌鸡杀洗干净，去毛，去内脏。瓦煲加入清水，用猛火煲至水滚后放入全部材料，改用中火继续煲3小时，加少许盐调味，即可饮用。

功效：滋补肝血，乌须黑发，明目养颜。

黄精猪手

原料：猪蹄1个，黄精15克，盐、黄酒、姜葱汁各适量。

做法：猪蹄洗净，控水，均匀涂抹上盐、黄酒、姜葱汁，静置30分钟后洗净备用；黄精洗净切片备用；锅内放入猪蹄，加水和黄酒、黄精，用旺火烧开，撇去浮沫，改中小火炖至猪蹄熟烂，用盐调味即可。

功效：通乳养胃，强壮筋骨，美容养颜。

黄精米粥

原料：黄精 15 克，粳米 150 克，冰糖 15 克。

做法：黄精与粳米加水共煮，用文火煮至粳米开花、粥稠见米油，加入冰糖，再煮片刻即可。每日早晚空腹温热服食。

功效：补肺润肺，滋阴补脾。

功效食谱做法

什锦粥

原料：赤小豆5克，栗子5克，莲子5克，红枣5克，糯米30克。

做法：将赤小豆、莲子、红枣洗净浸泡3小时，取砂锅加水置火上，水开后放入赤小豆、莲子、红枣、栗子和糯米，旺火煮沸，转中火煮30分钟即可。

功效：健脾补肾，利尿消肿。

桑葚奶昔

原料：桑葚50克，酸奶100克。

做法：鲜桑葚浸泡后，加入酸奶，用料理棒打匀即可。

功效：滋阴补血安神。

黄精炖猪肉

原料：黄精15克，猪瘦肉60克。

做法：猪瘦肉洗净，入沸水中焯去血水；将肉、黄精、调料同放入锅中，注入适量清水，武火烧沸改文火炖至肉熟烂，用胡椒粉调味。

功效：补肾填精，适用于产后肾虚精亏、干咳、便秘等症。

丁香排骨

原料：丁香5克，猪小排50克。

做法：将排骨在开水中焯过捞出沥干备用；炒锅放入少许油，放入焯过的排骨煎至微黄，放入葱段、姜片炒香，加清水没过排骨，放入丁香、冰糖、老抽、盐、料酒等调味料，大火烧开转小火炖40分钟，大火收汁即可。

功效：补肾助阳。

山药窝头

原料：玉米面30克，山药30克。

做法：山药洗净去皮，上锅蒸熟，装到容器里，趁热用勺子压成泥；加入玉米面和酵母搅拌均匀揉成团，充分发酵后，冷水上锅，水开后20分钟即熟。

功效：补脾益胃。

黄芪鲤鱼饮

原料：黄芪15克，鲤鱼100克。

做法：鲤鱼去内脏，洗净，放入砂锅中，加黄芪及水适量，并加盐等调味品隔水炖服。

功效：补中益气，利水消肿。对产后体虚、乳少以及营养不良等有较好效果。

豌豆芡实煲

原料：豌豆50克，芡实50克，猪瘦肉30克，香菇10克。

做法：豌豆和芡实放入热水中焯一下备用；猪肉切丁，香菇洗净切丁；锅热放入植物油，放入肉丁翻炒至变色取出；另起锅，用炒肉的油爆香香菇，加入生抽，将芡实、豌豆和炒好的肉丁放入锅内翻炒出香味，加入适量温水，盖上盖子，煮至芡实和豌豆熟，加入盐等调味料出锅。

功效：益肾固精，补脾止泻。

产后第34天 一日食谱计划

餐次	餐谱	材料
早餐	鲜肉小馄饨	小麦粉30克，猪肉20克，荠菜20克
	豆腐拌海带丝	海带30克，小白菜30克，豆腐30克，胡萝卜30克
	爽口莴笋丝	莴笋150克
	枣馒头	小麦粉30克，红枣10克
早加餐	红衣花生	花生仁10克
	玉竹美容梨	玉竹10克，鸭梨100克
午餐	当归红枣老鸭汤	老鸭肉50克，当归10克，生姜6克，红枣10克
	蒲公英炒肉	新鲜蒲公英50克，猪肉50克
	甜蜜拔丝山药	山药200克，白糖40克
	牛肉炒饭	牛肉50克，甘蓝20克，洋葱20克，绿豆芽15克，胡萝卜15克，大米70克
高热量	烤地瓜	番薯50克
午加餐	西柚	西柚75克
晚餐	茶树菇黄芪猪肉汤	茶树菇30克，猪肉50克，黄芪15克
	牛蒡炖鸡	鲜牛蒡根50克，鸡肉70克
	荔枝炒丝瓜	荔枝30克，丝瓜100克，番茄50克
	牡蛎面线	牡蛎肉50克，面线100克
晚加餐	牛奶	牛奶300毫升

明星食材——玉竹

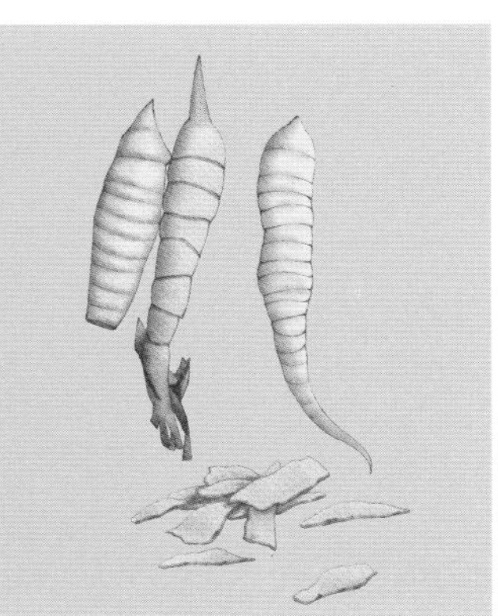

玉竹味甘，性平，归肺、胃经，具有滋阴润肺、生津养胃的功效。

产后为什么要吃玉竹

玉竹适合生产后或者病初愈后身体虚弱无力、口燥舌干等阴虚症状者。对于产后食欲不振、不思饮食或饭后不适，每日食用玉竹，可加快恢复食欲。

怎么吃

玉竹属于滋腻药物，对于胃有痰湿气滞者忌用。

玉竹的黄金搭档

玉竹排骨汤

原料：排骨150克，鲜玉竹15克，盐2克。

做法：玉竹洗净备用；排骨洗净，放入滚水中烫去血水，捞出，沥干备用；所有材料放入锅中加入适量水以大火煮开，转小火继续煮1小时，加入盐调味即可。

功效：养阴生津，滋补气血。

玉竹煲兔肉

原料：鲜玉竹15克，黄精15克，兔肉200克，料酒、葱、姜、精盐各适量。

做法：玉竹切段，兔肉切块约2厘米见方，煲锅中放入兔肉、玉竹、黄精，加水加调料同炖，用旺火煮沸，放入精盐，用小火煲1小时。

功效：理气，养阴，润燥。

玉竹老鸭煲

原料：用老鸭一只，鲜玉竹50克，北沙参50克，姜、花椒、黄酒、盐各适量。

做法：将鸭宰杀去毛，去内脏，北沙参拣净杂质，玉竹洗净备用。将老鸭、玉竹、北沙参同放入煲内，加清水、姜、花椒、黄酒、盐适量，用小火炖2小时即可。

功效：滋阴清热、润肠通便，适用于产后虚劳及大便燥结者。

功效食谱做法

玉竹美容梨

原料：玉竹10克，鸭梨100克。

做法：将鸭梨从肩部切开作为盖子，挖去梨核后装入玉竹，用牙签将梨盖固定住，放入锅内隔水炖煮即可。

功效：祛斑，润肤，止咳。

当归红枣老鸭汤

原料：老鸭肉50克，当归10克，生姜6克，红枣10克。

做法：老鸭斩块氽水，当归、红枣洗净，姜切片待用。净锅上火，加水、老鸭、姜片、当归、红枣，大火烧开转文火炖50分钟调味即成。

功效：补血滋阴，对产后贫血、面色萎黄、乏力盗汗等有一定的食疗作用。

蒲公英炒肉

原料：新鲜蒲公英50克，猪肉50克。

做法：蒲公英洗净切段，猪肉切丝，蒜切片，锅内热油，加入肉丝、蒜片爆香，加入蒲公英翻炒，加入调料后翻炒出锅。

功效：清热散结。

甜蜜拔丝山药

原料：山药200克，白糖40克。

做法：山药去皮洗净蒸熟，切滚刀块；炒锅加热加入油烧至五成热，将山药下锅炸成金黄色捞出沥油；锅内留余油少许，下白糖小火慢熬至泛小泡，将炸好的山药下锅，翻炒快速出锅，外带一小碗清水。

功效：益气补虚，消渴生津。

牛蒡炖鸡

原料：鲜牛蒡根50克，鸡肉70克。

做法：将牛蒡根洗净，削皮切厚片。鸡肉斩成块，入沸水中焯去血水。锅内放入适量水，放入鸡肉块煮沸，加入料酒、精盐、味精、葱姜炖烧至熟烂，投入牛蒡片烧至入味，加入胡椒粉，出锅即成。

功效：祛风消肿、温中益气、补髓填精，适用于产后体虚瘦弱、四肢乏力、母乳不足、咽喉肿痛、咳嗽等病症。

荔枝炒丝瓜

原料：荔枝30克，丝瓜100克，番茄50克。

做法：荔枝去壳去核备用；番茄、丝瓜洗净切滚刀块；锅内热油，放入丝瓜炒软，加入番茄一同翻炒，加盐；丝瓜和番茄都炒软后，加入荔枝肉，翻炒出锅。

功效：顺气，开胃，止呕。

牡蛎面线

原料：牡蛎肉50克，面线100克。

做法：牡蛎肉用少许料酒、白胡椒和生粉稍腌，锅内热油，加入辣椒、蒜蓉爆香，注入高汤，加老抽烧开，加入面线煮约5分钟，加入牡蛎肉、葱段煮3分钟，调味，即可。

功效：滋阴潜阳，软坚散结。

产后第35天 一日食谱计划

餐次	餐谱	材料
早餐	阿胶粥	薏苡仁25克，小米25克，阿胶末6克
	干贝蒸蛋	扇贝5克，鸡蛋15克
	陈皮拌苦瓜	陈皮6克，苦瓜80克
	萝卜丝早餐饼	小麦粉20克，胡萝卜20克，白萝卜15克
早加餐	黑芝麻碎	黑芝麻5克，核桃仁5克，松子仁5克
	枇杷百合饮	百合10克，枇杷50克
午餐	沙参麦冬瘦肉汤	沙参15克，麦冬15克，猪瘦肉100克
	紫苏炖鱼	鲫鱼150克，紫苏叶10克
	杏鲍菇炒韭菜	杏鲍菇30克，韭菜100克
	腊味饭	腊肉30克，粳米70克
高热量	南瓜贝果	南瓜50克，小麦粉25克
午加餐	黄苹果	黄苹果100克
晚餐	当归炖鸡汤	当归10克，鸡肉100克
	清蒸扇贝	扇贝50克，蒜薹10克
	毛豆炒丝瓜	丝瓜70克，毛豆30克
	烤饭团	米饭50克
晚加餐	牛奶	牛奶300毫升

明星食材——沙参、麦冬

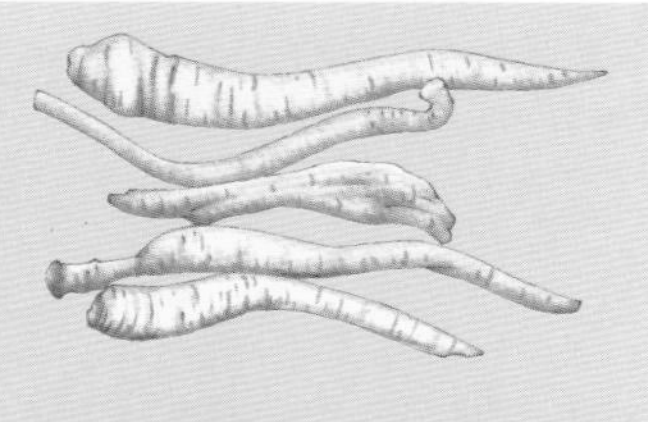

沙参味甘，性微寒，归肺、胃经，具有清肺养阴、益胃生津的功效。
麦冬味甘、微苦，性微寒，归肺、心、胃经，具有润肺养阴、益胃生津、清心除烦的功效。

产后为什么要吃沙参、麦冬

产后补气养颜：中医名方生脉散，采用麦冬配伍人参、五味子，是夏令养阴主方，伤暑多汗服之，可生津益气，尤其适用于虚脱患者。可见，麦冬有补中益气、悦颜色、养心安神、延年益寿之效。

产后恢复：据现代药理学研究，沙参的多糖含量在25%~40%，多糖是近年来研究较热门的一类动植物天然成分，具有调节免疫功能、抗肿瘤、抗溃疡、抗衰老、保肝、降血糖、降血脂等药理作用，对于产后特殊时期具有预防疾病和滋补的功效。

怎么吃

沙参和麦冬都是滋阴润燥之品，虚寒者及感冒风寒或咳嗽、经常大便不成形者忌用。

沙参麦冬的黄金搭档

沙参麦冬鹌鹑汤

原料：鹌鹑2只，沙参10克，麦冬10克，猪瘦肉50克，生姜、胡椒粉、料酒、盐各适量。

做法：鹌鹑去毛及清理内脏，斩成块，猪瘦肉切成方丁，用水焯去血水后洗净沥干。沙参、麦冬清水浸泡10分钟备用。所有材料放进炖盅里面，加入适量清水，隔水炖3小时，再加盐调味。

功效：消除产后面部黑斑，抗机体老化，延缓早衰。

沙参麦冬百合粥

原料：沙参20克，麦冬20克，百合30克，粳米60克，白糖15克。

做法：将沙参、麦冬、百合洗净后与粳米同煮粥，加入白糖后食用。

功效：养阴润燥，适用于产后口干、口渴、失眠、盗汗等阴虚等症。

功效食谱做法

阿胶粥

原料：薏苡仁25克，小米25克，阿胶末6克。

做法：将小米、薏苡仁做成粥，阿胶末加入粥中搅匀，煮滚开后即可。

功效：健脾补血养肝，适用于产后或病后体虚调补。

陈皮拌苦瓜

原料：陈皮6克，苦瓜80克。

做法：苦瓜洗净，顺长轴从中间切开，去瓤，切片开水烫后沥干；陈皮切末，加入调味料与苦瓜拌匀即可，也可放入冰箱冷藏后食用口感更佳。

功效：顺气降火，清热解毒。

黑芝麻碎

原料：黑芝麻5克，核桃仁5克，松子仁5克。

做法：全部原料共捣碎，加蜂蜜调服。

功效：每日1次，可用于改善产后肠燥便秘。

沙参麦冬瘦肉汤

原料：沙参15克，麦冬15克，猪瘦肉100克。

做法：将沙参、麦冬洗净；猪瘦肉洗净切小块。把全部用料一起放入锅内，加清水适量，武火煮沸后，文火煮2小时，调味即可。

功效：滋阴润燥，润肺止咳。

枇杷百合饮

原料：百合10克，枇杷50克。

做法：百合、枇杷去核洗净备用；锅内上水，放入少量冰糖，水微沸后转小火下入百合、枇杷炖煮5分钟即可。

功效：润肺止咳，和胃降逆。

紫苏炖鱼

原料：鲫鱼150克，紫苏叶10克。

做法：鲫鱼去鳞去内脏去鳃，洗净沥干；紫苏叶洗净沥水切碎；起油锅，葱、姜、蒜、红辣椒爆香后，把鱼平铺进锅，中火煎制，加入料酒和生抽烹出香味，加水没过鱼身，加糖和豆瓣酱，中火慢炖至汤汁过半，加入紫苏叶和调味料，待汤汁收尽，撒葱花出锅。

功效：发汗利尿，镇静解毒。

当归炖鸡汤

原料：当归10克，鸡肉100克。

做法：鸡肉斩块；将当归洗净用纱布包好，然后与鸡肉、酒、食盐等一同放入砂锅内，加水适量。文火煨炖，直至鸡肉熟烂。取出药包，喝汤吃肉。

功效：活血化瘀，健脾胃，强骨骼。

第六周

（第36~42天）修身减脂

产后第36天 一日食谱计划

餐次	餐谱	材料
早餐	桑葚粥	粳米40克，桑葚15克
	韩式拌杂菜	胡萝卜20克，牛肉10克，粉条10克，洋葱10克
	豆腐丝拌黄瓜	干豆腐50克，黄瓜50克
	鸡蛋蒸饺	小麦粉30克，鸡蛋30克，火腿15克，荠菜15克，冬笋15克
早加餐	玫瑰阿胶膏	阿胶5克，玫瑰花瓣1克，黑芝麻+核桃10克
	陈皮薄荷三清茶	陈皮10克，薄荷5克，金银花3克
午餐	海带老鸭汤	鸭800克，海带50克
	荷叶蒸虾	海虾150克，荷叶1大张
	海米炒青菜	海米20克，青菜100克
	三色饭	赤小豆10克，小米40克，香米50克
高热量	山药酥	山药40克，糯米粉40克，蛋清30克
午加餐	释迦果	释迦果75克
晚餐	杜仲母鸡汤	杜仲10克，母鸡150克
	熘鸡胗	鸡胗40克，玉兰片40克，胡萝卜30克，油菜30克
	香菇枸杞烧冬瓜	香菇30克，枸杞子5克，冬瓜60克
	韭菜盒子	小麦粉40克，猪肉30克，韭菜20克
晚加餐	牛奶	牛奶300毫升

明星食材——陈皮

陈皮味辛、苦，性温，归脾、肺经，具有理气、调中、燥湿、化痰的功效。

产后为什么要吃陈皮

产后助消化：陈皮有促进消化液分泌的作用，尤其能使人唾液淀粉酶活性增高，有助于产后消化食物。

怎么吃

陈皮山楂饮

原料：陈皮10克，山楂10克，冰糖5克。

做法：陈皮洗净，用适量水浸泡，山楂洗净，倒入锅中，再加入适量水，大火煮开后，改小火煮15分钟，将陈皮倒入锅中，再煮5分钟，加入适量冰糖，待冰糖溶化后即可。

功效：促进宫缩，助排恶露，理气开胃。

陈皮瘦肉粥

原料：粳米100克，猪瘦肉50克，陈皮15克。

做法：先将粳米淘洗干净，放入锅中加入适量清水，加入猪瘦肉和陈皮，煮至肉熟粥稠，再加入盐等调味，温食。

功效：适用于脾胃气滞、腹胀嗳气、气虚食少者。

陈皮煎鸡蛋

原料：陈皮6克，鸡蛋2枚。

做法：先将陈皮放入锅内烤脆研末、鸡蛋打碎，放入碗内搅匀，加入陈皮末及少许姜末、葱花、盐拌匀，然后将此鸡蛋液倒入热油锅内煎熟，佐餐食用。

功效：适用于胃脘作胀、胃部遇冷疼痛者。

功效食谱做法

桑葚粥

原料：粳米40克，桑葚15克。

做法：先将桑葚浸泡片刻，洗净后与粳米同入砂锅，粥熟加冰糖稍煮即可，煮时忌用铁锅。

功效：乌发益肾，延寿美容。

玫瑰阿胶膏

原料：阿胶250克，玫瑰花瓣50克，黑芝麻+核桃500克。

做法：阿胶敲碎，加入黄酒在煮锅中浸泡3天，将煮锅置火上小火慢熬至阿胶“挂旗”（用炒勺在阿胶里搅拌后拿出来，阿胶呈片状且不坠落），加入切碎的核桃和黑芝麻，捏入玫瑰花瓣，搅拌均匀关火；提前将硅油纸铺在方型容器内，将熬好的阿胶膏盛入容器放置24小时晾干，将变硬的阿胶倒扣出来，除去硅油纸切成小片，每日食用1~2片。

功效：滋阴补血，润肺止咳。

陈皮薄荷三清茶

原料：陈皮10克，薄荷5克，金银花3克。

做法：将全部材料共同煎煮5分钟，可适当加入冰糖。

功效：清凉利咽，提神醒脑。

荷叶蒸虾

原料：海虾150克，荷叶1大张。

做法：将虾洗净去虾线，荷叶洗净泡软；将虾放入荷叶上摆开，淋上黄酒、撒上蒜末，包好置于盘内，加盖高火蒸10分钟即可。

功效：清暑利湿，健脾增乳，补肾壮阳。

山药酥

原料：山药40克，糯米粉40克，蛋清30克。

做法：将山药蒸熟，碾成泥状；加入糯米粉，充分搅拌后，捏成小长条状；鸡蛋打开取蛋清，将山药裹上蛋清，表面再蘸上面包糠；放入平底锅内，加入油，用中小火煎成金黄色即可。

功效：补中益气，健脾肺肾。

香菇枸杞烧冬瓜

原料：香菇30克，枸杞子5克，冬瓜60克。

做法：冬瓜洗净切片，香菇切片备用；热锅入油，加入姜丝爆香，然后加入冬瓜炒至半透明，倒入香菇和枸杞子，焖煮至冬瓜软烂即可。

功效：滋阴润肠，利尿排湿。

杜仲母鸡汤

原料：杜仲10克，母鸡1只。

做法：母鸡洗净清理内脏，将杜仲、姜片放入母鸡肚内文火隔水炖烂，根据口味放入调料，喝汤吃肉，每次取150克肉食用。

功效：补益气血，强筋壮骨，适合产后身体恢复、年老体弱者提高抵抗力，此药膳虽补不燥。

产后第37天 一日食谱计划

餐次	餐谱	材料
早餐	黄豆百合豆浆	黄豆15克，鲜百合15克
	胡萝卜炒肉丝	胡萝卜70克，猪肉30克
	煎沙参	鲜沙参120克
	山东大花卷	小麦粉40克
早加餐	蜜汁白果	白果25克，蜂蜜10克
	陈皮燕窝	燕窝6克，陈皮6克，冰糖10克
午餐	五味子牛肉汤	五味子6克，牛肉100克
	荷叶米粉肉	鲜荷叶1张，猪瘦肉100克，大米100克
	炒菜花	菜花120克
	南瓜饼	南瓜50克
高热量	玫瑰花饼	面粉20克，猪油8克，玫瑰花15克，糖1克
午加餐	奇异果	奇异果75克
晚餐	干贝海带汤	干贝30克，海带100克
	鱼香鸡肉丝	鸡肉100克，水发木耳20克，甜椒20克，胡萝卜20克
	地三鲜	茄子50克，土豆40克，青椒20克
	台湾油饭	虾皮5克，胡萝卜15克，香菇15克，粳米70克
晚加餐	牛奶	牛奶300毫升

明星食材——荷叶

荷叶味苦，性平，归脾、肾、心经，具有清暑利湿、升阳止血的功效。

产后为什么要吃荷叶

产后减肥：《证治要诀》一书说："荷叶服之，令人瘦劣，单服可以消阳水浮肿之气。"自古以来，人们即将荷叶用于减肥。

产后抑菌：抑菌是荷叶具备的功能之一，并得到现代科学的证实。荷叶对金黄色葡萄球菌、酵母菌、大肠杆菌等抑菌效果显著，可有效防止产后感染。

怎么吃

荷叶粥

原料：鲜荷叶1张，粳米100克。

做法：将荷叶洗净，撕成片，放水中煎汤，去荷叶，用此汤加粳米煮粥食之。

功效：适用于所有肥胖者。

荷叶藕节饮

原料：鲜荷叶 100 克，藕节 200 克，蜂蜜 50 克。

做法：鲜荷叶剪去边缘、叶蒂，和藕节一同切碎，加蜂蜜，用木棍捣烂，放入锅中加水煎煮 1 小时。饮汁，每日数次。

功效：凉血止血，增乳汁。

功效食谱做法

黄豆百合豆浆

原料：黄豆15克，鲜百合15克。

做法：黄豆提前浸泡8~10小时，把泡好的黄豆和百合一起放入豆浆机加适量水，按煮豆浆键，煮熟即可饮用。

功效：清心除烦。

煎沙参

原料：鲜沙参120克。

做法：鲜沙参洗干净，撕成细丝，沥干，撒上盐拌匀，加入韩式甜辣酱腌制半小时，起油锅小火煎至酥脆出锅。

功效：滋阴润燥。

蜜汁白果

原料：白果25克，蜂蜜10克。

做法：白果去除外壳、放入开水锅中煮3~5分钟，除去种皮，洗净，晾干，然后再倒入煮沸的植物油中炸至金黄色捞出，沥干，再倒入蜂蜜拌匀即成。

功效：润肺养肺，适用于产后体虚，面无光泽者。

陈皮燕窝

原料：燕窝6克，陈皮6克，冰糖10克。

做法：燕窝温水泡发后，加入陈皮，隔水炖熟，再加入冰糖即可。

功效：养胃止呕。

五味子牛肉汤

原料：五味子6克，牛肉100克。

做法：将牛肉切片加入生姜，冷水煮开后，捞出沥干备用；牛肉、五味子加足量清水煮沸，烹入黄酒，转小火煲50分钟，再改旺火加入葱白煲5分钟，加盐调味即可。

功效：行气活血润肤，可用于延缓衰老、安眠、提高免疫力。

玫瑰花饼

原料：水油皮：中筋面粉180克，猪油60克，糖15克，水75毫升。酥皮：低筋面粉140克，猪油70克。内馅：熟糯米粉60克，鲜玫瑰花250克。此原料可制作16个鲜花饼。

做法：玫瑰花瓣捣碎，和熟糯米粉混合均匀，分成16等份备用；将水油皮材料放在一起，和成面团，盖保鲜膜放置40分钟，松弛后，分成16等份的小圆形面团；油酥皮材料混合，同样制成16个小面球；将水油皮材料压扁，包裹上油酥皮小面球，包包子一样包好捏紧封口，然后再用擀面杖擀压平再卷成小面卷；盖保鲜膜松弛10分钟；将小面卷纵向捏合，压扁成面皮，裹上玫瑰花馅，收口轻轻压扁，烤箱预热，将鲜花饼入烤箱170℃烤20分钟，至表面上色即可。每次取一个食用。

功效：益肺宁心，健脾开胃，养颜美容。

荷叶米粉肉

原料：鲜荷叶1张，猪瘦肉100克，大米100克。

做法：将大米洗净后捣成米粉，猪瘦肉切成厚片，加入酱油、淀粉等搅拌均匀备用；荷叶洗净，把肉和米粉混匀包入荷叶内，卷成长方形，放入蒸笼中蒸30分钟即可取出食用。

功效：健脾养胃，升清降浊，特别适合夏季食用。

产后第38天 一日食谱计划

餐次	餐谱	材料
早餐	百合莲子粥	百合10克，莲子10克，粳米20克
	玫瑰豆腐	新鲜玫瑰花1朵，豆腐100克，鸡蛋50克
	爽口小黄瓜	小黄瓜100克
	生煎包	小麦粉30克，猪肉15克，小白菜20克
早加餐	茯苓软糕	大米粉50克，糯米粉10克，茯苓粉10克
	枸杞豆浆	黄豆15克，枸杞子5克
午餐	丝瓜花蛤汤	丝瓜100克，花蛤200克
	陈皮鸭	陈皮10克，嫩鸭50克
	素炒三丝	白萝卜40克，莴笋40克，胡萝卜30克
	二豆杂粮饭	赤小豆20克，鹰嘴豆20克，小米20克，香米70克
高热量	菌蔬窝窝头	香菇10克，菠菜10克，玉米粉25克
午加餐	山竹	山竹75克
晚餐	芙蓉鲜蔬汤	菠菜100克，鸡蛋20克，胡萝卜20克
	五丝会	豆腐干30克，胡萝卜20克，洋葱20克，香菇15克，木耳15克
	玉竹烧豆腐	猪瘦肉50克，玉竹20克，油豆腐100克
	牛肉馅饼	小麦粉30克，牛肉30克
晚加餐	牛奶	牛奶300毫升

明星食材——茯苓

茯苓味甘、淡，性平，归心、脾、肾经，具有利水渗湿、健脾、安神的功效。

产后为什么要吃茯苓

产后健脾胃：茯苓味甘淡，具有健脾的功效，对于产后胃口不佳有很好的改善作用。

产后安神：《淮南子》中有“千年之松，下有茯苓”的描述；《神农本草经》记载了茯苓“久服安魂养神”；《药性记》中也记载了茯苓“善安心神”。现代医学也证实茯苓中的三萜化合物是安神的物质基础。

产后利水消肿：茯苓素是茯苓利尿消肿功能的主要有效成分，有利于促进尿液排出。

产后养颜：茯苓具有较好的抗衰老作用，而且白茯苓能帮助抑制黑色素的生成，美白肌肤。

怎么吃

茯苓开胃汤

原料：茯苓15克，山药15克，鸭胗1个。

做法：鸭胗洗净切丁，放入锅中，加入所有原料，加水适量，大火煮开后，小火再煮30分钟即可。

功效：适用产后消化不良，不思饮食等。

荷叶茯苓粥

原料：鲜荷叶1张，茯苓50克，粳米100克。

做法：先将荷叶煎汁去渣，用荷叶汁加茯苓、粳米同煮为粥。

功效：产后解暑，宁心安神。

茯苓陈皮姜汁茶

原料：茯苓25克，陈皮5克，生姜汁10滴。

做法：将茯苓去皮，用水浸透，然后加入陈皮共同煮汁，约30分钟，关火后，马上滴入生姜汁即可。

功效：产后健脾暖胃，消除水肿。

功效食谱做法

百合莲子粥

原料：百合10克，莲子10克，粳米20克。

做法：将莲子清洗干净，置于水中泡发。干百合、大米分别淘洗干净后，与莲子一同放于锅中，加水适量，先用旺火烧开，再用小火熬煮，待快熟时加入冰糖，稍煮即成。

功效：养心安神，健脾补肾。

枸杞豆浆

原料：黄豆15克，枸杞子5克。

做法：黄豆提前浸泡8~10小时，把泡好的黄豆跟枸杞子一起放入豆浆机，加水适量，按"豆浆"键煮熟即可饮用。

功效：清心除烦，养阴润燥。

茯苓软糕

原料：大米粉50克，糯米粉10克，茯苓粉10克。

做法：大米粉、糯米粉、茯苓粉加入牛奶搅拌，可根据口味适当加入桂花，把搅拌好的糊平铺在竹笼屉内，上锅蒸30分钟，出锅晾凉后切开即可食用。

功效：健脾渗湿，宁心安神。

玫瑰豆腐

原料：新鲜玫瑰花1朵，豆腐100克，鸡蛋50克。

做法：将玫瑰花洗净、晾干，切成花丝；鸡蛋打散；豆腐切成小块，沾上干淀粉，挂上蛋糊，下油锅炸至金黄色，捞出沥油。锅内放少许清水，下入白糖搅炒，使其化开起大泡，放入炸好的豆腐块，翻炒几下，装盘撒上玫瑰花丝即成。

功效：益气和胃，活血散瘀，适用于情志不舒、腹胀、乳房红肿疼痛等。

丝瓜花蛤汤

原料：丝瓜100克，花蛤200克。

做法：丝瓜洗净沥干，切滚刀块，锅内倒入清水，放入花蛤，加姜和料酒，煮开后放入丝瓜煮熟，加调味料即可。

功效：滋阴生津，软坚散结，增乳通乳。

陈皮鸭

原料：陈皮10克，嫩鸭1只。

做法：将鸭去毛洗净，加水煨炖稍烂时取出，放凉拆去鸭骨，胸脯朝上放于搪瓷盆内；将炖鸭的原汤煮沸，调入料酒、酱油、胡椒粉、姜粉等再煮沸，倒入盛有鸭肉的搪瓷盆内，将切好的陈皮放在拆骨鸭上面，上笼蒸30分钟即可。产妇可取50克鸭肉食用。

功效：健脾益胃，适用于脾胃虚弱、食欲不振等。

玉竹烧豆腐

原料：猪瘦肉50克，玉竹20克，油豆腐100克。

做法：将玉竹、猪肉、葱白洗净，猪肉切块，葱白切段，入锅中加水，将大料、桂皮、花椒、小茴香用纱布包好，生姜切片，与料酒、酱油同入锅中煮沸后改文火炖熟，加入油豆腐，再炖10分钟即可。

功效：滋阴清热，解表祛邪。

产后第39天 一日食谱计划

餐次	餐谱	材料
早餐	油醪糟	黑芝麻10克，花生仁10克，核桃仁10克，醪糟50毫升
	荷兰豆炒百合	鲜百合50克，荷兰豆50克
	土豆丝煎鸡蛋	土豆30克，鸡蛋30克
	酱香饼	小麦粉40克
早加餐	枸杞桂花冻	枸杞子12克，桂花30克，冰糖5克
	荷叶藕节饮	鲜荷叶20克，鲜藕节40克，蜂蜜50克
午餐	丝瓜鳝鱼汤	黄鳝30克，甜椒20克，丝瓜100克，紫苏叶15克
	桃仁鸡丁	桃仁10克，香菇30克，冬笋30克，火腿30克，鸡胸肉150克
	手撕包菜	甘蓝120克
	蛋包饭	鸡蛋30克，香米70克
高热量	山药茯苓糕	山药40克，茯苓20克
午加餐	丑橘	丑橘75克
晚餐	沙参麦冬鹌鹑汤	鹌鹑50克，沙参10克，麦冬10克，猪瘦肉50克。
	韭菜炒蛏子	韭菜100克，蛏子50克
	玉竹煲兔肉	玉竹15克，黄精15克，兔肉100克，百合15克，枸杞子10克
	肉丝炒面	面条40克，绿豆芽30克，洋葱20克，甘蓝10克，猪肉20克
晚加餐	牛奶	牛奶300毫升

明星食材——桃仁

桃仁味苦、甘，性平，归心、肝、大肠经，具有活血祛瘀、润肠通便的功效。

产后为什么要吃桃仁

产后行瘀：活血是桃仁最主要的功效。《神农本草经》明确提出桃仁可活血化瘀，治疗“瘀血、血闭癥瘕”。

产后通便：桃仁作为种子类药物，因其含有较多脂质，其性沉降，可润滑肠道，故桃仁功可通便。

怎么吃

桃仁如果服用过量，轻者可能引起头晕恶心、精神萎靡、乏力等中毒症状，重者可致呼吸肌麻痹，危及生命。

桃仁的黄金搭档

❤ 桃仁粥

原料：桃仁10克，粳米50克。

做法：先将桃仁捣烂，加适量的水浸泡， 去掉渣，留取汁液。然后再将粳米煮粥，等到粥半熟的时候加入桃仁汁液和少许红糖，炖至粥熟即可，每天早晨起来吃一次。

功效：活血化瘀，润肠通便。

❤ 桃仁决明蜜茶

原料：桃仁10克，决明子16克，蜂蜜10克。

做法：将桃仁和决明子加水煮开后小火30分钟煎汁，关火后加入蜂蜜即可出锅饮用。

功效：健脾益胃，益气通便，适用于产后头痛、便秘等症。

功效食谱做法

油醪糟

原料：熟黑芝麻10克，花生仁10克，核桃仁10克，醪糟50毫升。

做法：熟黑芝麻打粉，花生仁、核桃仁打成碎粒；锅内热油，倒入花生核桃碎翻炒，将醪糟倒入锅里一同翻炒，可适量放入冰糖，最后把黑芝麻粉倒入搅匀即可。

功效：补益气血，增乳养颜。

枸杞桂花冻

原料：枸杞子12克，桂花30克，冰糖5克。

做法：冰糖加水溶化；鱼胶片提前泡软；枸杞子用水泡开。将全部材料一起倒入模具中边加热边搅拌，冷却后放入冰箱，冷藏3小时至完全凝固后脱模切块。

功效：滋阴养颜。

荷叶藕节饮

原料：鲜荷叶20克，鲜藕节40克，蜂蜜50克。

做法：鲜荷叶剪去边缘、叶蒂，和鲜藕节一同切碎，加蜂蜜，捣烂后放入锅中，加水煎煮1小时。

功效：凉血止血，增乳汁。

桃仁鸡丁

原料：桃仁10克，香菇30克，冬笋30克，火腿30克，鸡胸肉150克。

做法：将鸡胸肉切方丁；桃仁去皮；香菇切丁；冬笋、火腿切菱形块。锅内入油烧至四成热，入桃仁炸至微黄捞出；再把鸡丁下油锅滑透捞出。另起炒锅加油，葱花爆香，放香菇、冬笋、火腿略炒，再放入鸡丁、桃仁和调料汁，快速翻匀，装盘即成。

功效：补肾壮阳，补气养血，适用于产后体虚、神疲、便秘、尿频等症。

山药茯苓糕

原料：山药40克，茯苓20克。

做法：茯苓打粉备用；山药洗净蒸熟去皮制成泥备用；将山药泥和茯苓粉混合拌匀，切长条状入蒸锅内蒸熟，可淋上蜂蜜味道更佳。

功效：补气健脾。

 玉竹煲兔肉

原料：玉竹15克，黄精15克，兔肉100克，百合15克，枸杞子10克。

做法：玉竹切段约1寸长，兔肉切块约2厘米见方，煲锅中放入兔肉、玉竹，加水加调料同炖，用旺火煮沸，放入黄精、枸杞子、百合和精盐，小火煲1小时即成。

功效：理气，养阴，润燥，止烦渴。

 沙参麦冬鹌鹑汤

原料：鹌鹑50克，沙参10克，麦冬10克，猪瘦肉50克。

做法：鹌鹑去毛及清理内脏，斩成大块，猪瘦肉切成方丁，用水焯去血水后洗净沥干。沙参、麦冬清水浸泡10分钟备用。所有材料放进炖盅里面，加入适量清水，隔水炖3小时，再加盐调味。

功效：养阴润燥，补中益气，健胃养血，帮助产妇消除面部黑斑，抗机体老化，延缓早衰。

产后第40天 一日食谱计划

餐次	餐谱	材料
早餐	杜仲红枣糯米粥	杜仲12克，糯米40克，大枣3枚
	凉拌蒲公英	鲜蒲公英100克
	红枣甜酒蛋	红枣10克，鸡蛋50克，醪糟50克
	滋卷	小麦粉20克，韭菜20克，虾仁10克，粉丝10克
早加餐	蔓越莓扁桃仁烤燕麦	蔓越莓干10克，扁桃仁5克，燕麦片40克，牛奶40毫升
	杏仁雪梨	杏仁2 枚，雪梨1 个
午餐	虫草山药炖水鸭	虫草2克，山药50克，鸭100克
	陈皮排骨	陈皮20克，猪大排150克
	素炒西葫芦	西葫芦120克
	肉末萝卜饭	猪肉20克，胡萝卜20克，洋葱10克，水发木耳10克，香米70克
高热量	香葱火腿酥饼	火腿20克，小麦粉25克
午加餐	洋梨	洋梨100克
晚餐	三鲜汤	丝瓜50克，茶树菇20克，鲜贝20克
	良姜炖鸡块	公鸡肉100克，高良姜6克
	炒双脆	莴笋50克，胡萝卜50克
	红烧牛肉莜面	莜面40克，牛肉20克，香菇20克，冬笋20克
晚加餐	牛奶	牛奶300毫升

明星食材——杏仁

杏仁味苦，性微温，有小毒；归肺、大肠经，具有止咳平喘、润肠通便的功效。

产后为什么要吃杏仁

产后通便：杏仁归大肠经，同时它味苦，味苦则有下气的作用，同时因其富含植物油，故有润的作用，也就是润肠通便，帮助产后通便。

美容抗衰：杏仁可以帮助肌肤抗氧化，抑制色斑的生成，使肌肤光滑细致，能给毛发提供所需营养，使头发更加乌黑亮丽，所以，杏仁无论是内服还是外用都具有明显的美容养颜效果。

怎么吃

苦杏仁有毒，食用量大易引起中毒，临床应用需加工炮制方可，生活中食疗多使用甜杏仁。

杏仁的黄金搭档

♥杏仁粥

原料：杏仁(去皮、尖)10克，大米50克。

做法：杏仁研成泥状，大米淘洗干净，两物相合加适量水煮开，再用慢火煮烂即成。此粥可作早晚餐。

功效：止咳平喘，适用于咳嗽、气喘，健康人经常食用能防病强身。

♥杏仁三丁

原料：甜杏仁50克，西芹100克，黄瓜80克，胡萝卜20克。

做法：杏仁去皮、尖，西芹、黄瓜、胡萝卜洗净切丁；杏仁、西芹、胡萝卜入沸水焯一下，捞出晾凉；加入黄瓜丁、盐、香油拌匀即可。

功效：清热降压，止咳平喘，润肠通便的功效。

功效食谱做法

杜仲红枣糯米粥

原料：杜仲12克，糯米40克，大枣3枚。

做法：杜仲、大枣水煎取浓汁，糯米加水煮粥，粥将成时倒入浓汁，再煮片刻即可。早晚空腹食用。

功效：补肝肾，强筋骨，安胎，用于妇女妊娠胎动不安或习惯性流产以及产后腰酸等。

凉拌蒲公英

原料：鲜蒲公英100克。

做法：将蒲公英放入开水中焯一下，捞出浸到凉水里冲水后沥干，可酌加蒜末、香油、盐调味，拌匀即可。

功效：清热解毒，消肿散痈，利尿。

蔓越莓扁桃仁烤燕麦

原料：蔓越莓干10克，扁桃仁5克，燕麦片40克，牛奶40毫升。

做法：预热烤箱190℃备用；将牛奶倒入燕麦片中拌匀，撒上蔓越莓干和扁桃仁，入烤箱烤5分钟即可。

功效：益脾润肠，养心敛汗。

虫草山药炖水鸭

原料：虫草10克，山药250克，净鸭500克。

做法：将鸭洗净备用；虫草泡发好，洗净，放入鸭腹中，用牙签封好口；山药去皮洗净切块；砂锅上火，放入鸭、山药、葱、姜、料酒，大火烧开改小火炖4小时，待鸭肉熟烂后放入盐调味即可。产妇可取1/5食用。

功效：补气益阴，利水消肿。

杏仁雪梨

原料：杏仁2枚，雪梨1个。

做法：雪梨洗净，削去梨皮，并将梨中间挖空备用；杏仁洗净剥去皮并捣烂；将捣烂的杏仁和挖出的梨肉一起填入梨中，隔水蒸20分钟至烂熟后食用。

功效：清肺润燥，止咳，适用于燥热咳嗽。

良姜炖鸡块

原料：公鸡肉100克，高良姜6克。

做法：公鸡肉洗净切块，放入锅内，加入高良姜和调味料，加水适量，武火煮沸，文火炖至鸡肉熟烂即可。

功效：健脾益气，散寒温中。

陈皮排骨

原料：陈皮20克，猪大排150克。

做法：排骨用冷水浸泡，浸去血水，洗净沥干；油锅姜片爆香，下入排骨翻炒至微黄，调入料酒、生抽、老抽、陈皮、冰糖，加水没过排骨，大火煮开转小火炖至排骨软烂后加盐，大火收汁。

功效：健脾和胃，理气补血。

产后第41天 一日食谱计划

餐次	餐谱	材料
早餐	蒲公英粥	蒲公英20克，粳米40克
	蚝油秋葵	秋葵100克
	百合甜豆	百合50克，荷兰豆100克
	胡萝卜鸡蛋饼	小麦粉30克，胡萝卜10克，鸡蛋50克
早加餐	白果拌赤豆	白果5克，赤小豆10克
	桑葚饮	桑葚15克，山楂5克，陈皮12克
午餐	养胃红枣猪肚汤	猪肚30克，红枣5克
	白菜烧肉圆	白菜50克，猪肉50克，油菜30克
	酒酿烩明虾	虾200克，醪糟50克
	鸡肉炒饭	鸡肉30克，胡萝卜20克，洋葱10克，番茄20克，粳米70克
高热量	南瓜麦芬	南瓜30克，小麦粉15克
午加餐	车厘子	车厘子75克
晚餐	平菇豆腐牡蛎汤	平菇30克，豆腐50克，牡蛎30克
	青笋炒鸡肝	鸡肝50克，青笋70克
	龙眼金钟鸡	鸡肉80克，龙眼肉10克，茯苓20克，枸杞子10克，莲子10克
	什锦海鲜面	面条40克，扇贝10克，鱿鱼10克，小白菜10克，香菇10克
晚加餐	牛奶	牛奶300毫升

明星食材——白果

白果味甘、苦、涩，性平，有小毒；归肺经，具有敛肺平喘、收涩止带的功效。

产后为什么要吃白果

产后净肤美容：食用白果，可以滋阴养颜抗衰老，扩张血管，促进血液循环，使人肌肤红润，同时还具有排毒养颜、祛痘的功效。

产后抗衰作用：白果能通畅血管，改善大脑功能，增强记忆力，产后适当食用，也可以帮助产后抗衰老。

抗菌，增强产后抵抗力：白果的提取物白果醇对金黄色葡萄球菌和铜绿假单胞菌有比较好的抑制作用，银杏酸对革兰阳性菌的抑菌效果尤为明显，因此白果有助于产后预防疾病，增强抵抗力。

怎么吃

白果有小毒，食用不宜过量，一般以种仁5~8克为适量，如果按照治疗功效来使用时，需要遵医嘱服用。

白果的黄金搭档

冰糖白果

原料：白果30克，冰糖15克。

做法：将白果仁和冰糖同入锅内，煎煮至白果仁熟透。每日服一次，连服5日服完。

功效：润肺养颜。

椒盐白果

原料：白果仁50克，云腿30克，蛋清30克，面粉30克，淀粉10克，盐适量。

做法：将云腿切成1厘米见方的小块，把白果和云腿串成小串。将面粉加盐、水拌匀，再加入淀粉搅匀，然后将白果串放入糊内挂糊。炒锅加油烧至五分热时，放入白果串炸10分钟，用漏勺捞起。让油继续烧至七分热，再将白果放入重炸至金黄色，捞起装盘，撒上花椒盐即可。

功效：通调血管，增强记忆。

功效食谱做法

蒲公英粥

原料：蒲公英20克，粳米40克。

做法：蒲公英加水大火煎煮取汁、去渣，加入粳米，小火煮为粥，每日早晚食用。

功效：清热解毒、消肿散结，适用于产后乳房肿痛、咽喉肿痛、目赤肿痛等。

百合甜豆

原料：鲜百合50克，荷兰豆100克。

做法：荷兰豆去筋洗净切段；鲜百合洗净掰开，锅热油，下荷兰豆翻炒，七分熟后下百合翻炒，加盐调味出锅。

功效：润肺止咳，清心安神。

桑葚饮

原料：桑葚15克，山楂5克，陈皮12克。

做法：桑葚果粒洗净，山楂洗净去核切块，与陈皮共同煮水饮用。

功效：滋阴补血，润肠通便。

白果拌赤豆

原料：白果15克，赤小豆30克。

做法：将白果和赤小豆蒸熟晾凉，共同放入容器加盐、白糖、白醋、葱油等调拌入味即可。产妇可取1/3量食用。

功效：益气补血，补五脏，抗衰老。

酒酿烩明虾

原料：虾200克，醪糟50克。

做法：虾洗净，挑去虾线备用；锅热油，放入明虾煎至转色八成熟，盛起备用；另起锅葱姜爆香，加入醪糟和盐等调味料，再加入明虾翻炒，转小火加盖焖烩收汁即可。

功效：补气活血，生津通乳。

养胃红枣猪肚汤

原料：猪肚30克，红枣5克。

做法：红枣去核洗净，猪肚刮净皮毛，洗净斩件，将红枣、猪肚放入煲内，加水和调味料，慢火煲4小时即可。

功效：健胃滋肾，温中补气。

龙眼金钟鸡

原料：鸡肉80克，龙眼肉10克，茯苓20克，枸杞子10克，莲子10克。

做法：茯苓用砂锅加水煎煮取其滤汁；龙眼肉、枸杞子洗净，用温水稍稍泡发；莲子浸发后，上笼蒸透备用；鸡肉洗净，放入砂锅内，加2/3茯苓汁和精盐、味精、葱、姜同煮，待鸡肉烂后取出，沥干，切成细末；用温水将琼脂泡发，加入剩余的1/3茯苓汁，加水煮化，加适量盐、味精调味；取5~6个小酒盅，在盅底放龙眼肉、莲子和枸杞子，再放入鸡肉末，最后将煮好的茯苓琼脂汁浇入，上屉蒸3分钟取出，待其凝固，扣放在盘中即可食用。

功效：补益心脾、养血安神。

产后第42天 一日食谱计划

餐次	餐谱	材料
早餐	五味子桂圆粥	五味子3克，粳米40克，桂圆3个
	爽口豆芽菜	豆芽100克
	肉蛋卷	火腿30克，鸡蛋50克
	蔬菜饼	面粉30克，胡萝卜20克，洋葱20克，土豆10克
早加餐	黑芝麻核桃阿胶条	阿胶3克，黑芝麻15克，核桃仁15克
	蜜豆双皮奶	牛奶150毫升，蛋清30克，蜜红豆15克
午餐	芋头排骨汤	猪小排50克，芋头50克
	黄精猪肘	黄精30克，猪肘150克
	竹荪炒丝瓜	竹荪20克，丝瓜150克
	焖饭	腊肠20克，胡萝卜20克，洋葱10克，粳米70克
高热量	蓝莓山药泥	山药100克，蓝莓酱15克
午加餐	覆盆子	覆盆子75克
晚餐	罗宋汤	牛腩40克，番茄50克，洋葱30克，西芹20克
	金黄娃娃菜	娃娃菜120克
	韭菜炒仔虾	韭菜70克，仔虾50克
	紫苏凉面	细面条50克，紫苏叶10克，秋葵50克
晚加餐	牛奶	牛奶300毫升

明星食材——五味子

五味子味酸，性温，归肺、肾、心经，具有敛肺滋肾、生津敛汗、涩精止泻、宁心安神的功效。

产后为什么要吃五味子

镇静安神：五味子果实具有较好的镇静催眠功效，可以有效地保护中枢神经系统。

产后抗疲劳：五味子中含有的五味子粗多糖可以提高机体免疫力，增强机体对有害刺激的抵抗能力，减轻机体损伤。

五味子的黄金搭档

五味子茶

原料：五味子15克，冰糖30克。

做法：将五味子洗净，用开水略烫，立刻捞出，放在茶杯内，加入冰糖，用开水冲泡后饮用。

功效：养心安神，益肾涩精，用于产后失眠健忘、自汗盗汗等症。

五味子牛肉汤

原料：五味子6克，牛肉200克。

做法：将牛肉加入生姜后冷水煮开，捞出切块备用；牛肉、五味子加足量清水煮沸，烹入黄酒，转小火煲50分钟，再改旺火加入葱白煮5分钟，加盐调味即可。

功效：行气活血润肤，可用于产后美肤抗衰、提高免疫力。

功效食谱做法

五味子桂圆粥

原料：五味子 3 克，粳米 40 克，桂圆 3 个。

做法：先将粳米淘洗干净，桂圆去皮，五味子洗净，共同放入锅中加入适量清水，大火煮开，再用小火煮至软烂即可。

功效：补血安神，健脑益智，适用于产后神经衰弱、失眠健忘、心烦心悸、记忆力减退、贫血等症。

黑芝麻核桃阿胶条

原料：阿胶 3 克，黑芝麻 15 克，核桃仁 15 克。

做法：阿胶提前用黄酒烊化，放入锅中小火熬至"挂旗"（用炒勺在阿胶里搅拌后拿出来，阿胶呈片状且不坠落），放入熟黑芝麻、切碎的核桃仁搅拌均匀，盛入不沾盘中冷却，切条食用。

功效：补肝肾、益精血、乌发润肠。

蜜豆双皮奶

原料：牛奶 150 毫升，鸡蛋 1 个，蜜红豆 15 克。

做法：牛奶倒入锅中加热，不要沸腾；将加热的牛奶倒入小碗中放至室温，形成奶皮；将鸡蛋的蛋清分离出来，打散备用；用筷子将奶皮刺穿，将牛奶缓缓倒回锅内，加入蛋清、糖或香草等搅拌均匀，中火蒸 20 分钟取出，撒上蜜红豆，可热吃或冰箱冷藏后食用。

功效：健脾养胃，滋阴润燥。

竹荪炒丝瓜

原料：竹荪20克，丝瓜150克。

做法：竹荪用温水泡发，洗净，切段；炒锅热油，葱姜爆香，下丝瓜、竹荪，加盐调味，熟透即成。

功效：补气养肺，清热利湿，通乳。

黄精猪肘

原料：黄精30克，猪肘150克。

做法：猪肘刮洗干净，去毛桩，入沸水中氽去血水，捞出用清水洗净。黄精冲洗干净，放入布袋中备用。砂锅置火上注入清汤，放入猪肘、黄精布袋，加调味料，大火烧沸，打去浮沫，小火煨至汁浓稠肘熟烂即可。

功效：补中益气，滋阴润肺。

蓝莓山药泥

原料：山药100克，蓝莓酱15克。

做法：山药洗净，切段，蒸熟，放入保鲜袋压成泥，挤入盘中，加蓝莓酱点缀调味。

功效：补脾肺肾，益精养颜。

紫苏凉面

原料：细面条50克，紫苏叶10克，秋葵50克。

做法：细面条下锅煮熟备用；秋葵焯烫后切小块装盘摆好；将紫苏叶切碎加入熟面中，加入橄榄油和调味料搅拌，倒在秋葵上即可。

功效：解表散寒，行气宽中，增进食欲。

茯苓包子

第三章 月子里常见问题的饮食调理

产后便秘

产后便秘又称产后大便难，是指产后正常饮食，但大便数日不下，或排便时干涩疼痛，不易解出，在产褥期非常常见。

饮食建议

1.多吃高膳食纤维食物。健康人的结肠每天需要25～35克的膳食纤维， 富含膳食纤维的食物有：粗粮类，如糙米、全谷物麦片；豆类，如赤小豆、绿豆、芸豆；菌藻类，如木耳、海带、口蘑；水果类，如苹果、橙子、火龙果等；蔬菜类，如番茄、菠菜、芹菜等；还包括各种果干等。

2.新鲜的水果和蔬菜建议生吃或稍煮一下，最好不要去皮。多吃绿色食品可以让肠道保持畅通，不要只拘泥于绿叶蔬菜，还可以考虑果汁、猕猴桃干，以及任何一种有促排泄功能的水果。

3.适当多吃坚果。所有“仁类”坚果富含油脂，可以帮助润肠通便，如核桃仁、各种瓜子仁、松子仁、扁桃仁、榛子仁、夏威夷果仁、开心果仁、芝麻、花生等。

4.摄入足够的液体。如果身体内水分充足，就不会给便秘留下隐患。水、果汁和蔬菜汁都能有效软化大便，缩短食物在消化道里的停留时间。推荐每日饮水3升，其中晨起可饮蜂蜜水300~500毫升。

5. 检查服用的补充剂和药物是否引起便秘。很多对人体有益的维生素和补充剂也可造成便秘，比如孕产维生素、钙剂和铁剂等。如果你觉得自己服用的这些补充剂可能会造成便秘，可以咨询医生，改变一下服用方式和剂量，如换成缓释配方，或者让医生帮你推荐一种可以对抗便秘的镁补充剂，或者也可以食用含镁食物，如芝麻、杏仁、花生、糙米、核桃、香蕉等。

6.适当补充益生菌。益生菌可以刺激肠道菌群更好地分解食物，也可以尝试粉末型益生菌补充剂，可以很方便地加入食物中。

常用食物

米（大米、粳米）、马铃薯、甘薯、莴笋、藕、黄豆芽、香蕉、松子仁。

常用功效食材

蜂蜜、当归、黑芝麻、核桃仁、枸杞子。

常用食疗方

番薯蜂蜜粥

做法：番薯50克洗净去皮，切成1厘米长、0.5厘米厚的小块；小米50克淘净，与番薯共同放入锅内，加清水适量，用武火烧沸后，再用文火煮至米烂成粥。每日2次，早、晚各1次。

功效：促进消化、润肠通便，适用于习惯性便秘者。

蜂蜜甘蔗汁

做法：蜂蜜30 毫升，甘蔗汁250毫升，拌匀，每日早、晚分两次空腹饮服，每日1 剂，连服 3~5日。

功效：清热生津、润燥通便，适用于热性便秘患者。

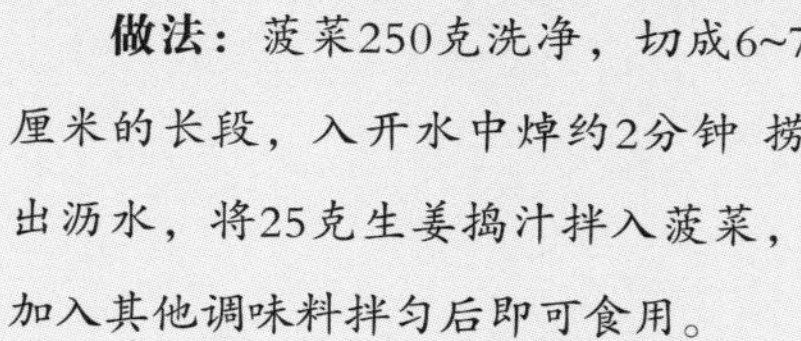

姜汁菠菜

做法：菠菜250克洗净，切成6~7厘米的长段，入开水中焯约2分钟 捞出沥水，将25克生姜捣汁拌入菠菜，加入其他调味料拌匀后即可食用。

功效：通胃肠、生津血，适用习惯性便秘者。

黑芝麻粥

做法：黑芝麻炒香研末，大米煮粥，待熟时调进黑芝麻末即成。

功效：滋阴润燥、补气生血，适用于产后气血亏虚，排便困难。

桑葚桃仁蜂蜜羹

做法：将桑葚、核桃仁、黑芝麻各100克，一同捣碎，混合均匀，然后用蜂蜜150克调匀，每次取2~3汤匙，空腹时用温开水送服，每日饮服3次。

功效：滋阴补血、润肠通便，适用于血虚引起的便秘。

奶蜜饮

做法：将25克黑芝麻磨粉，同蜂蜜、牛奶各50毫升调匀，早晨空腹服用。

功效：滋阴润燥、润肠通便，适用于产后血虚、肠燥便秘、面色萎黄、皮肤不润等症。

产后脱发

很多妈妈在孕期都是一头乌黑亮丽的秀发，可是分娩后不久，头发一把接一把地掉，很是让人郁闷。产后脱发的发生率为35%~45%，常常发生在产后2~6个月之间，每个妈妈脱发的轻重程度也会不一样，脱发部位大多在头部前1/3处和前后发际线，额头两侧的脱发会显得明显。有的妈妈的头发整体感觉变稀疏枯黄。很多妈妈担心这样掉下去，头发会变秃。其实产后脱发是暂时的生理现象，大多数的脱发通过食疗可以得到改善。

饮食建议

1. 产后新妈妈不要过早节食减肥，否则会导致体内蛋白质、维生素和微量元素等缺乏，从而影响头发的正常生长和代谢，使头发枯黄、易断和脱落。

2. 不要盲目进补，造成体内热量过剩，反而不利于头发生长。

3. 多吃新鲜蔬菜、水果及海产品、豆类、蛋类，少吃过于油腻和刺激性食物，保持大便通畅。

4. 不宜过食肉类等酸性物质，以免妨碍头发的健康生长。

5. 如脱发严重，必要时可在医生的指导下，适量口服谷维素、维生素B_1、维生素B_6、维生素A及铁剂、锌剂、钙剂、激素类药物等。

6. 补血类中药，如何首乌、龙眼肉、阿胶、地黄等，可以帮助自然调整激素水平的作用，对头发的再生和防脱会有很好的改善作用。

常用食物

猪瘦肉、羊肉、乳鸽、鸡蛋、牛奶、鱼、葵花子、紫米、黑豆、海带丝、石榴、粳米、菠菜、葱、生姜。

常用功效食材

黑芝麻、龙眼肉、枸杞子、生姜、山药、核桃仁、红枣、红糖、桑葚。

枸杞黑芝麻粥

做法：黑芝麻30克，粳米100克，枸杞子10克，以上三味共煮粥食用。

功效：补肝肾、益气血，适用于阴虚型脱发。

桂圆炖瘦肉

做法：取龙眼肉20克，枸杞子15克，猪瘦肉150克。先将猪肉洗净切块， 龙眼肉、枸杞子用水冲净，全部用料共放炖盅内，加水适量，以文火隔水炖至肉熟，即可食用。每日1剂。

功效：大补元气、养血生发，适宜于产后气血亏虚而引起的脱发。

护发外洗方

做法：桑葚 15 克、枸杞子 15 克、黑芝麻 15 克、黄精 15 克、桑叶 15 克、生姜 15 克，所有材料煮水后外洗头发。

功效：防脱护发，适用于各型脱发。

生发黑豆

做法：黑豆500克，水1000毫升（夏季各用1/4量）。将黑豆洗净，放入砂锅中，加入水，以文火熬煮，至水熬尽豆粒饱胀为度。然后取出黑豆，撒细盐少许，贮于瓷瓶内。每次6克，每日2次饭后食用，温开水送下。

功效：生发护发，适用于各种类型的产后脱发。

桑葚乌发膏

做法：取鲜桑葚500克、蜂蜜250克。先将桑葚洗净， 拣去杂质后捣烂，用纱布包裹挤汁。将汁放瓦锅内煎熬，稍浓缩后，加入蜂蜜边熬边搅拌，以防粘锅。熬成膏状时起锅，晾凉后装瓶备用。每日早晚各服15克，用温开水冲服。

功效：滋养肝肾，补益气血，乌须生发，适宜于产后肝肾阴虚、精血亏乏而引起的脱发。

产后缺乳

产后缺乳指产妇哺乳期内乳汁过少，或者没有乳汁，或者是乳汁不通畅，乳汁不下。缺乳多发生于产后第2天至一周内，也有的发生于整个哺乳期。母乳是婴儿最理想的食物，它含有丰富的免疫物质，可增加婴儿的免疫力，对婴儿的生长发育和身心健康都有着非常重要的作用；母乳还能增加母子间的感情交流，降低母亲乳房疾病的发生率，还能促进产后子宫的恢复。

饮食建议

1．摄入充足的热量和各种营养水分，以满足乳母自身的哺乳需要。

2．饮食宜清淡而富有营养且容易消化，不宜服用寒凉或辛热刺激性食物以及坚硬、煎炸、肥甘厚味之品。

3．哺乳期间多食新鲜蔬菜水果，多饮汤水，比如骨头汤、鱼汤、鸡汤等，以促进乳汁的分泌。

4．改变不良的饮食习惯，在整个哺乳期，乳母的膳食都要保证充足的营养，避免仅月子期间营养过剩，月子期后突然降低饮食标准，而影响月子期之后乳汁分泌的产量和质量。

5．乳汁不畅时会引起乳房肿大，而导致乳汁不足，应该先通乳，然后再催乳。

常用食物

猪蹄、鲫鱼、鲤鱼、墨鱼、鲢鱼、鲶鱼、河虾、花生、黄花菜、莴苣、无花果、豆腐。

常用功效食材

赤小豆、醪糟（甜米酒）、芝麻、葱白，还有乳鸽、母鸡、猪肚、鳝鱼、羊肉、红枣、桂圆、花生、羊心、乌鸡、鸡蛋、金橘、佛手柑、蜂蜜、红糖、黍米、桔梗。

TIPS

对于乳汁不畅引起的缺乳，在食用通乳药膳的同时，可以用热水或用葱汤熏洗乳房局部，或用橘皮煎水热湿敷乳房，可以帮助宣通气血。

常用食疗方

气血不足型产后缺乳：伴有畏寒肢冷、自汗、头晕耳鸣、精神萎靡、疲倦无力、心悸气短。

花生猪蹄汤

做法：猪蹄2只（母猪蹄最好），花生15克。煮汤，食肉饮汤。

功效：通乳，催乳。

参芪炖鸡汤

做法：人参5克、炙黄芪30克，母鸡1只。将净膛鸡切块，再将人参、黄芪洗净放入，撒上细盐，淋入黄酒1匙，旺火隔水蒸3~4小时，空腹吃。

功效：补气养血，健脾和胃，通乳利尿。

肝郁气滞型产后缺乳：伴有情志抑郁或易怒、容易叹气，有时两胁肋部胀痛等。

鲫鱼通草汤

做法：鲫鱼适量，通草5克。同水煮，不放油盐，熟后吃鱼喝汤。

功效：补脾开胃，利水通乳。

酒酿鸡蛋汤

做法：醪糟半碗，鸡蛋2个，白糖1匙。将醪糟加水少许煮沸后，打入鸡蛋，调匀加白糖适量。

功效：补心脾，行血气，通乳生乳。

痰湿阻滞型产后缺乳：伴有形体肥胖、胸闷、恶心、食欲差、神疲倦怠、有时痰多等。

章鱼木瓜汤

做法：番木瓜500克，鲜章鱼500克或者干品150克。番木瓜削皮切块，章鱼洗净破肚切碎，共煎汤饮。

功效：通经活络、和胃利湿、通乳。

赤小豆饮

做法：赤小豆30克。加水300毫升放入豆浆机，煮至熟烂，搅拌打浆。连续3~5天，每天早中晚各服用100毫升。

功效：健脾利水、通乳。

回乳

当妈妈决定要结束做“大奶牛”的日子时，回奶是一个需要认真对待的问题，如果回奶方法不当，可能给妈妈带来巨大的痛苦。

饮食建议

妈妈们在回乳前要做好婴儿的饮食准备；

回乳时要忌食那些促进乳汁分泌的食物，如花生、猪蹄、鲫鱼、鸡肉等，妈妈的饮食要清淡，宜多食消导性的食物，如山楂、神曲、麦芽等；

蔬菜可选用性凉、味酸的蔬菜，如马齿苋、黄瓜、冬瓜、苦瓜、菜瓜等；

水果可选用性凉、味酸的水果，如沙果、石榴、橄榄、梅子等。

常用功效食材

麦芽含有麦角胺类化合物，能够抑制催乳素的分泌，从而起到回乳作用。

芒硝（外用）对乳房肿胀有消炎、止痛的作用。

常用食疗方

麦芽茶

做法：生麦芽60克，熟麦芽60克，共同煮水30分钟后，每日分2次饮用。

功效：回乳。

芒硝外敷方

做法：取芒硝300克，装入布袋或纱布包中，待妈妈排空乳汁后，敷于两乳房，药包潮解后需及时更换，每天1次。

功效：软坚止痛、消炎等。

TIPS

使用麦芽回乳时要注意，麦芽的特点是少量通乳，多量回乳。

产后贫血

分娩过程失血过多，很容易造成新妈妈贫血，贫血严重会影响到新妈妈的身体恢复和宝宝的营养健康。产后贫血会使人全身乏力、食欲不振、抵抗力下降，严重时还可以引起胸闷、心慌等。产后血红蛋白低于100克/升可诊断为贫血，轻度产后贫血是指血红蛋白在90克/升以上，一般可以通过饮食来加以改善。而血红蛋白在60~90克/升的中度贫血及血红蛋白低于60克/升的重度贫血则需要在医生指导下用药和输血治疗。

饮食建议

传统医学认为，产后贫血会因肾虚、肝不藏血、心脾损伤、失血过多等原因引起，所以补血多以补虚为主。

常用食物

可以吃一些含铁量高的食物，比如猪肝、鹅肝、动物血、海参都含丰富的维生素A和蛋白质，能改善机体对铁的吸收、转运和分布，促进造血功能；

胡萝卜、菠菜、黑木耳、葡萄干、苋菜、燕麦、糯米、鸡蛋等都是超强补血食材。

常用功效食材

红糖、阿胶、龙眼肉、黑豆。

瘦肉阿胶汤

做法： 猪瘦肉100克，阿胶10克。先将猪肉放砂锅内，加水适量，用小火炖至烂熟；加入阿胶炖化，调味后吃肉喝汤。隔天1次，连服20天。

功效： 滋阴、润燥、补血。

枸杞黑豆猪骨汤

做法： 生猪骨250克，枸杞子15克，黑豆30克，大枣10枚。全部材料加水适量一同煮至烂熟即可服用。

功效： 滋阴、补肾、补血。

羊肝枣米粥

做法： 羊肝100克，红枣20枚，枸杞子30克，粳米100克。将新鲜羊肝切成条状，放入锅内加油微炒，投入枸杞子、红枣、粳米，加适量水同煮成粥，以葱、姜、盐调味，代早餐食。

功效： 补血、养肝、明目。

当归生姜羊肉汤

做法： 当归20克，生姜15克，羊肉250克，山药30克。将羊肉洗净切片，当归用纱布包好，同山药、姜片一同放砂锅内加水适量共炖汤，烂熟后放调味品，饮汤食肉，每日1次，连用10天。

功效： 养血、补血、散寒、止痛。

TIPS

建议产后贫血的妈妈，在食疗补血效果不佳时，也可以在医生建议下选择一些铁剂。

患有妊娠期糖尿病或血糖异常的产妇，需要注意产后血糖控制。

饮食建议

合理搭配饮食

谷薯类搭配：谷薯类的粗粮应占全天食物的30%。谷类食物是碳水化合物的主要来源，但对于有血糖控制需求的妈妈来说，建议进行谷薯类搭配，粗细粮都要食用，主要包括：谷薯类如马铃薯、山药、芋头、藕等；粗杂粮如玉米面、荞麦、燕麦等。粗粮中含有丰富的营养素，特别是膳食纤维，食后吸收较慢，血糖升高缓慢。

蛋白质搭配：含蛋白质的食物应占全天食物的20%。需要控制血糖的妈妈需要每天食用1个鸡蛋；肉类推荐选择适量的瘦肉，如鸡、鸭、鱼、虾、猪、牛、羊肉等；奶制品可以选择脱脂或低脂奶制品，牛奶可以每日食用250~500毫升；也可以多食用一些大豆替代部分的肉类。

蔬果类搭配：蔬果应保持在全天食物的50%左右。蔬菜富含无机盐、维生素、膳食纤维，除了胡萝卜、蒜苗、 豌豆、毛豆等热量较高的蔬菜之外，常见的叶类、茎类、瓜类蔬菜可以任意选用。水果含有一定量的单糖、双糖，对于需要控制血糖的妈妈就要限量食用，如果食后血糖升高，则最好将血糖控制好以后再适量选用。蔬菜和水果尽量选择血糖指数低的食物，如蔬菜类的冬瓜、茄子，水果类的小番茄、桃子等。

合理烹饪食物

需要控糖的妈妈需要注意食物的烹调方式，尽量使食物保持清淡、少盐和低糖的状态，日常烹饪可以优先选择清蒸、炖煮和凉拌等方式。

按正确顺序进食

需要控制血糖的妈妈每日进餐要保持一定的规律，同时还要讲究进食顺序。通常情况下推荐汤类优先，蔬菜水果为其次，接着食用主食，最后才食用肉类。

常用食物

苦瓜、黄豆、番石榴、大蒜、南瓜。

常用功效食材

枸杞子、山药、苦荞麦。

常用食疗方

玉竹山药鸽肉汤

做法：先将60克山药、30克玉竹洗净，切成小块备用，将鸽子去毛及内脏，洗净后沸水焯一下，切成10块，放入炖盆内，加料酒、葱花、生姜末、精盐适量及清汤1200毫升，再放入备好的山药和玉竹，上笼屉蒸30分钟，待鸽肉酥烂取出，调味即成。

功效：补肺益肾，降糖止渴，适用于阴阳两虚型糖尿病宝妈。

菠菜根粥

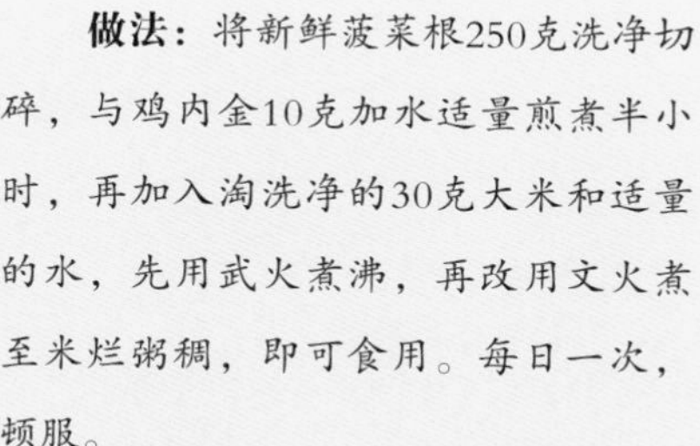

做法：将新鲜菠菜根250克洗净切碎，与鸡内金10克加水适量煎煮半小时，再加入淘洗净的30克大米和适量的水，先用武火煮沸，再改用文火煮至米烂粥稠，即可食用。每日一次，顿服。

功效：安养五脏，止咳润肠，适用于产后体虚型糖尿病宝妈。

TIPS

- 控糖期间建议一日三餐，定时定量，必须加餐时，应做到加餐不加量。加餐安排在两餐间，比如上午10点，或下午3点左右，但需注意加餐不加量，每日总的进食量不变。
- 需要血糖控制的妈妈如果要食用水果，就要按照每150~200克带皮橘子、梨、苹果等替换成25克主食的方法食用。但在吃水果前和吃水果后要进行血糖监测，如果食用后餐后血糖数值超过正常，则一定要将血糖控制好以后再适量选用。红枣、香蕉、柿子、红果等含糖量较高的水果或浆果严格限量食用。
- 坚果类食物油脂量较大，比如大约15粒花生米或30粒瓜子及2个核桃就相当于10克油脂，需要注意控制进食量。

素炒苦瓜

做法：苦瓜、色拉油各适量，入锅武火翻炒，加盐调味后出锅。

功效：清热泻火，除烦止渴，适用于产后血糖异常，症见口苦、心烦、神疲乏力者。

苹果芹菜柠檬汁

做法：取1个苹果洗净去皮，与洗净的粗茎芹菜50克和细茎芹菜60克，一起放入榨汁机中榨汁，再加入半个柠檬挤汁，搅匀即可，空腹饮用。

功效：降糖降脂通便，适用于需产后控制血糖的宝妈。

产后恶露不绝

女性生完宝宝后，无论是顺产还是剖宫产，产后胎盘娩出后，随子宫蜕膜脱落，会有含有血液、坏死蜕膜等组织经阴道排出来，称为恶露，这是产妇在产褥期的正常生理性变化。恶露有血腥味，但是无臭味。

虽然每位产妇都有恶露，但每人排出的量是不同的，平均总量可达500~1000毫升。各个产妇持续排恶露的时间也不同，正常的产妇一般需要2~6周。

宝宝吃奶，吸吮乳头时，可引起子宫反射性收缩，有利于恶露排出，所以哺乳帮助宝宝成长，也有利于妈妈恢复。

产后3周仍有血性恶露，就是产后恶露不绝了。

饮食建议

加强营养，饮食宜清淡，忌生冷、辛辣、油腻、不易消化食物。

为避免产后体热助邪，可多吃新鲜蔬菜。

常用食物

产后恶露不绝的常用食物应根据辨证分型来选择：

气虚型：粳米、糯米、小米、黄豆、豆腐、牛肉、鸡肉、兔肉、鹌鹑、鸡蛋、鹌鹑蛋、胡萝卜；

血热型：藕节、荸荠、丝瓜、黑木耳等；

血瘀型：茄子、醋等。

常用功效食材

气虚型：人参、山药、大枣、冰糖等；

血热型：麦冬、芦根等；

血瘀型：山楂、艾叶、炮姜、益母草、红糖、葱白等。

常用食疗方

气虚型：

人参粥

原料：粳米30克，人参末3克，冰糖5克。

做法：将粳米淘净，与切片或打粉的人参一起放入砂锅内，加水适量，煮至粥烂。再将化好的冰糖汁加入，拌匀，即可食用。

功效：补元气，益脾肺，生津安神。

鸡蛋汤

原料：乌鸡蛋3个，醋1杯，米酒1杯，大枣20枚。

做法：先将3个乌鸡蛋去壳，与醋1杯、米酒1杯搅匀，再加大枣20枚和水适量，煎煮后服用。每天1剂，连服数天。

功效：健脾益胃，益气生津。

血热型：

五汁饮

原料：梨200克，荸荠500克，鲜芦根100克（干品减半），鲜麦冬50克（干品减半），藕500克。

做法：梨200克去皮、去核；荸荠500克去皮，鲜芦根100克洗净，鲜麦冬50克切碎，藕500克去皮、去节。分别取汁，然后将绞好的汁液一同放入容器内和匀。隔水炖温，不凉即可饮用（如无鲜芦根、鲜麦冬，亦可选用干品用量减半另煎合服）。

功效：清热润燥，养阴生津。

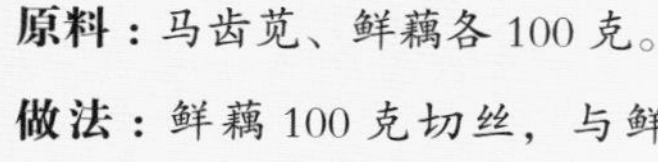

马齿苋拌鲜藕

原料：马齿苋、鲜藕各100克。

做法：鲜藕100克切丝，与鲜马齿苋100克同入沸水中焯过，捞出沥水，用食盐、香油、味精、白糖、醋凉拌。

功效：清热生津、凉血止血。

血瘀型：

山楂木耳汤

原料：山楂30克，水发木耳15克。

做法：山楂，水发木耳，同放入煲内水煎，饮汤。每天1次，连服5~7天。

功效：消食散瘀，凉血止血。

坤草童鸡

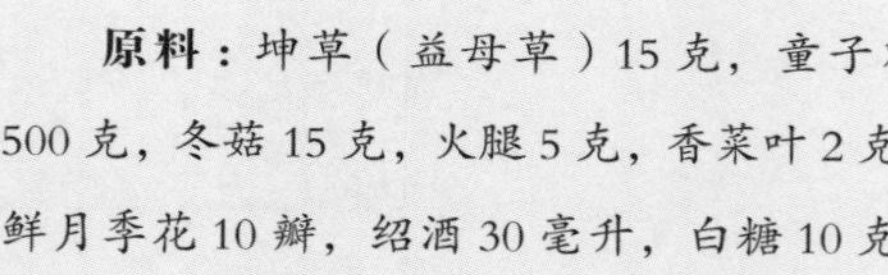

原料：坤草（益母草）15克，童子鸡500克，冬菇15克，火腿5克，香菜叶2克，鲜月季花10瓣，绍酒30毫升，白糖10克，盐3克，香油3克。

做法：将益母草15克洗净，置碗内，加绍酒（约10毫升）、白糖10克上屉，用足气蒸1小时后取出，纱布过滤，留汁备用。净童子鸡1只（约500克）、去头爪，入沸水烫透后捞出。将童子鸡放入砂锅内，加鲜汤、冬菇15克、火腿5克、绍酒（约20毫升）、少许葱姜，大火煮开后，加入盐3克，小火煨至熟烂。拣去葱姜，加入益母草汁、香油3克、香菜叶2克、鲜月季花瓣10瓣即可。食肉喝汤，随量食用。

功效：活血化瘀，止血止痛。

产后抑郁

产后抑郁是产褥期常见的精神行为改变，是一种以情绪改变、睡眠障碍、自我评价过低、生活态度消沉、精神神志改变为主要特征的综合征。主要表现为心情抑郁、情绪不宁、胸部满闷、胸胁胀痛、易怒易哭，或者咽中如有异物梗塞。产后抑郁不仅危及母亲健康，影响婚姻家庭生活质量，还会影响婴儿的心智、行为和认知的发育。

饮食建议

- 因为糖类可通过提高5-羟色胺来缓解压力和改善情绪，单糖多为食物添加剂的糖分，吸收快，排泄也快，因此以多糖饮食较佳，因为它们消化较慢，提高5-羟色胺的过程较平顺。
- 许多氨基酸是制造影响情绪物质的原料，比如色氨酸，可形成血清素和褪黑激素，有助于减轻焦虑和抑郁，香蕉、奶制品、鸡肉等，是含色氨酸丰富的食物。
- 要维持正常的胆固醇摄取量，胆固醇过度低下也是引起抑郁的原因之一，可以多摄取鱼油等。
- 饮食宜平衡，避免过多食用辛辣有刺激性的食物，比如辣椒、胡椒、油炸食品等。忌大荤大油的肥腻食品，忌偏食、暴饮暴食及食用过冷过热的食品。
- 可食用一些疏肝理气、帮助消化的食物，如橘子、陈皮、山楂片等，以保持心情舒畅，避免情绪激动和紧张。
- 可选用有宁心安神作用的食物，如小麦、大枣、核桃、龙眼、牛奶、莲子等。

常用食物

全谷米、大麦、小麦、燕麦、鸡肉、鱼油、核桃、胡萝卜、绿叶菜、黄瓜、香菇、番茄、猕猴桃、冬瓜、菠萝、甜瓜、火龙果、香蕉、梨。

常用功效食材

橘子、陈皮、山楂、大枣、龙眼肉、莲子、佛手、玫瑰花、绿梅花、菊花、栀子花、淡竹叶、牡丹花、桃仁、香附。

常用食疗方

合欢花粥

做法：将15克合欢花、50克粳米、30克百合共入锅中，加适量水煮粥。

功效：清心安神，生津解郁。

柚子醪糟

做法：柚子皮（去白）、醪糟、红糖各10克，煮水取汁，趁热食用，每日两次。

功效：疏肝理气，行气止痛，温中散寒。

雪羹汤

做法：将荸荠200克去皮切片，水发海蜇200克切丝，同入锅内煮熟调味，喝汤吃物。

功效：化痰散结。

玉竹猪心

做法：将猪心一个洗净，切成片，玉竹30克煎取汁，用玉竹汁与猪心共煮至熟，调味即可。

功效：养阴清热，宁心安神。

甘麦大枣汤

做法：将甘草10克、淮小麦30克、大枣5枚放入砂锅内，加入清水浸泡，再用大火烧开后，小火煎煮20~30分钟取汁，以此法再煎一次合并煎液，每日两次温热服用。

功效：养心安神。

产后失眠

产后失眠也是失眠的一种，主要表现为睡眠时间、睡眠深度的不足，轻者入睡困难或者睡觉轻浅，容易醒，醒后不容易再次睡着；严重的彻夜不眠，或者多梦，次晨感到头昏、精神不振、嗜睡，影响产后妈妈的正常生活和身心健康。

常用食物

绿豆、芹菜、黄花菜、核桃。

常用功效食材

菊花、蒲公英、淡竹叶、栀子、山药、大枣、龙眼肉、莲子、桑葚、百合。

常用食疗方

核桃佛手饮

原料： 核桃仁5个，佛手6克，丹参15克，白糖50克。

做法： 将丹参、佛手煎汤，核桃仁、白糖50克共同捣烂，放入丹参佛手汤中，小火再煲一分钟即可，每次服数汤匙，每日2次，连服5天。

功效： 疏肝泻火，镇心安神。

藕丝羹

原料： 鲜嫩藕100克，鸡蛋2枚，山楂糕30克，蜜枣3枚，青梅10克，白糖适量。

做法： 将藕切成细丝，放入沸水锅中焯一下，捞出备用；山楂糕30克、蜜枣3枚、青梅10克切成丁；将2个鸡蛋打入碗内，加入适量清水调匀，上锅蒸15分钟而成鸡蛋羹。再将上述材料及适量白糖均匀撒在蛋羹上即成，佐餐食用。

功效： 清热化痰，和中安神。

龙眼纸包鸡

原料： 嫩鸡肉400克，龙眼肉20克，核桃仁100克，鸡蛋2枚，火腿20克，淀粉20克，食盐6克，白砂糖6克，香菜100克，生姜5克，葱20克，胡椒粉3克，麻油5克，花生油1500克。

做法： 将核桃仁去皮后，入油锅炸熟，切成细粒；龙眼肉切成粒待用。鸡肉切片，用盐、糖、胡椒粉调拌腌制。鸡蛋取蛋清，加入淀粉和适量水调成糊。取糯米纸摊平，鸡肉片上浆后摆于纸上，加少许核桃仁、龙眼肉、香菜、火腿、姜葱片，然后折成长方形纸包。置锅于火上，入花生油加热至六成熟时，把包好的鸡肉下锅炸熟，捞出装盘即成。

功效： 补益心脾，养心安神。

产后汗多

产后女性出现涔涔汗出，持续不止，动则益甚，这称为“产后自汗”；如果在睡后汗出，湿衣醒来，汗出即止，称为“产后盗汗”，如果严重了，出现大汗淋漓，就需要及时就医。不少女性产后汗出较平时多，尤其于饮食活动后或睡眠时更加明显，这是因为产后气血虚、腠理不密所致，可在数天后通过饮食调养而缓解。

饮食建议

产后汗多者如果饮食不当，会使出汗加重，所以产后女性应注意饮食的选择，忌辛辣油腻、生冷等刺激性食物。

常用食物

粳米、糯米、冬笋、鸡、猪心、鲢鱼等。

常用功效食材

浮小麦、人参、生姜、大枣、龙眼肉、阿胶、五味子、乌梅、麦冬、冰糖、茯苓、薏苡仁、赤小豆、白茅根。

常用食疗方

浮小麦茶

原料：浮小麦50克。

做法：浮小麦50克，烘炒至黄，加水煎煮。代茶饮，每日两次。

功效：益气固表。

荠菜豆腐羹

原料：嫩豆腐250克，荠菜100克，胡萝卜25克，冬菇25克，竹笋25克。

做法：将荠菜切末，胡萝卜、冬菇、竹笋切丁，放锅中炒熟，加水放入切成小块的嫩豆腐，加盐调味，用湿淀粉勾稀芡，淋麻油当菜食用。

功效：清肝泄热，化湿和营。

参枣糯米饭

原料：党参15克，大枣10枚，糯米100克，白砂糖适量。

做法：党参、大枣水煎30分钟取汁；糯米100克，加入参枣汁及水适量，蒸熟，将剩余汤汁加白砂糖，煎成稠汁浇在饭上面，并放上红枣。

功效：调和营卫。

百合鸡蛋汤

原料：鲜百合100克，鸡蛋2个，冰糖5克。

做法：鲜百合，加水三碗，煎煮至两碗，鸡蛋去蛋白倒入百合中，搅匀加冰糖烧煮，每日一次。

功效：滋阴降火。